W0263342

# WERKSTATTBÜCHER

## FÜR BETRIEBSANGESTELLTE, KONSTRUKTEURE UND FACH-ARBEITER. HERAUSGEGEBEN VON DR.-ING. H. HAAKE, HAMBURG

**Jedes Heft 50—70 Seiten stark, mit zahlreichen Abbildungen**

Die Werkstattbücher behandeln das Gesamtgebiet der Werkstattstechnik in kurzen selbständigen Einzeldarstellungen: anerkannte Fachleute und tüchtige Praktiker bieten hier das Beste aus ihrem Arbeitsfeld, um ihre Fachgenossen schnell und gründlich in die Betriebspraxis einzuführen.

Die Werkstattbücher stehen wissenschaftlich und betriebstechnisch auf der Höhe, sind dabei aber im besten Sinne gemeinverständlich, so daß alle im Betrieb und auch im Büro Tätigen, vom vorwärtsstrebenden Facharbeiter bis zum leitenden Ingenieur, Nutzen aus ihnen ziehen können.

Indem die Sammlung so den Einzelnen zu fördern sucht, wird sie dem Betrieb als Ganzem nutzen und damit auch der deutschen technischen Arbeit im Wettbewerb der Völker.

### Einteilung der bisher erschienenen Hefte nach Fachgebieten



*(Fortsetzung 3. Umschlagseite)*

WERKSTATTBÜCHER

FÜR BETRIEBSANGESTELLTE, KONSTRUKTEURE UND FACH-
ARBEITER. HERAUSGEBER DR.-ING. H. HAAKE, HAMBURG
HEFT 113

# Nachformeinrichtungen für Drehbänke
## (Kopierdrehen)

Von

### Dr.-Ing. Carl Heinz Stau
Karlsruhe

Mit 112 Abbildungen

Springer-Verlag
Berlin / Göttingen / Heidelberg
1954

ISBN-13: 978-3-540-01862-9     e-ISBN-13: 978-3-642-99848-5

DOI:   10.1007/978-3-642-99848-5

# Inhaltsverzeichnis.

# I. Erklärung und Abgrenzung des Begriffes „Nachformdrehen (Kopierdrehen[1])".

Auf einer Leit- und Zugspindeldrehbank üblicher Bauart lassen sich nach Einschalten des selbsttätigen Längs- oder Planvorschubes im allgemeinen nur zylindrische Drehkörper oder Planflächen herstellen, da die Anordnung der Führungen und Getriebe nur *eine* Schneidmeißelbewegung parallel oder senkrecht zur Drehbankachse gestattet. Beim Übergang auf einen anderen Durchmesser muß der Schneidmeißel jedesmal durch den Dreher in die entsprechende neue Stellung gebracht werden, wobei häufig eine Messung am Werkstück vorgenommen wird. (Wenn Längs- und Planvorschub *gleichzeitig* eingeschaltet sind, bewegt sich der Schneidmeißel schräge zur Drehbankmittenlinie.) Im Gegensatz hierzu seien nun unter dem Sammelbegriff „Nachformdrehen" alle diejenigen Drehverfahren zusammengefaßt, bei denen die Bewegung des Schneidmeißels von einer Leitkurve oder einem Steuergetriebe gesteuert wird, so daß die Schneide sich selbsttätig längs der Umrißlinie des Werkstückes bewegt und eine Verstellung von Hand nicht mehr erforderlich ist.

Der Wunsch nach Nachformeinrichtungen hat schon frühzeitig zu Konstruktionen von Zusatzgeräten geführt, mit denen Kegel oder auch ballige Formen erzeugt werden konnten. Aber erst in den letzten Jahren sind Einrichtungen werkstattreif entwickelt worden, mit deren Hilfe auch zylindrische Drehkörper mit Absätzen nach einem Muster geformt werden können. Bereits um die Jahrhundertwende sind Patente für elektrische und hydraulisch arbeitende Nachformeinrichtungen erteilt worden. Sie gerieten aber in Vergessenheit. 1917 wurden dann in den USA die ersten praktischen Versuche mit derartigen Anlagen gemacht. Es mußten jedoch noch rund 30 Jahre vergehen, bis die verschiedenen Nachformdrehverfahren allgemein bekannt wurden. Noch vor wenigen Jahren war das Nachformdrehen ein Sondergebiet, auf dem nur einige Firmen arbeiteten. Während der 2. Europäischen Werkzeugmaschinenausstellung in Hannover 1952 jedoch sah man kaum noch Drehbänke, die nicht mit einer Nachformeinrichtung ausgestattet waren.

Bei der Fülle der konstruktiven Lösungen ist es kaum noch möglich, jede Art zu beschreiben. In der vorliegenden Schrift soll daher versucht werden, das Allgemeingültige herauszustellen und am Beispiel einiger typischer Konstruktionen zu erklären. Dieses Heft beschränkt sich daher auch bewußt auf die Darstellung der Nachformeinrichtungen an Drehbänken[2]. Solche an Revolverdrehbänken und

---

[1] Wenn auch in der Werkstatt noch vielfach die Bezeichnung „Kopierdrehen" gebräuchlich ist, sollte doch angestrebt werden, das gute deutsche Wort „Nachformdrehen", das noch dazu den Vorgang selbst anschaulich kennzeichnet, allgemein zu verwenden. Eine Schablone wird ja gar nicht kopiert, sondern nach ihrer Form wird das Werkstück gedreht. Der Ausdruck „Nachformfräsen" statt „Kopierfräsen" hat sich ja auch schon weitgehend eingeführt. Im vorliegenden Buche wird durchgehend statt „Kopieren" das Wort „Nachformen" verwendet.

[2] Der geringe Umfang dieses Werkstattbuches gestattet es auch nicht, auf alle Baumuster von Nachformdrehbänken näher einzugehen. Der Verfasser mußte auch hier eine Auswahl kennzeichnender Beispiele treffen. In keinem Fall soll aber durch das Erwähnen oder Nichterwähnen eines Fabrikates ein Werturteil ausgesprochen sein.

Automaten sind nicht berücksichtigt. Auch die sehr interessanten Entwicklungen in anderen Zweigen des Werkzeugmaschinenbaues, insbesondere bei Fräsmaschinen, Hobelmaschinen und Schleifmaschinen, sind nicht dargestellt.

Der außerordentliche Erfolg des Nachformdrehens in den letzten drei bis vier Jahren ist wohl in erster Linie auf die Tatsache zurückzuführen, daß dadurch vornehmlich die *Nebenzeiten* verringert werden. Bisher hatten die Anstrengungen der Werkzeugmaschinenbauer hauptsächlich der Verminderung der Hauptzeiten gegolten. Der Anteil der Nebenzeiten an der Stückzeit wurde daher verhältnismäßig immer größer. Die Verwendung von Nachformverfahren ändert an den Hauptzeiten im allgemeinen nichts. Es werden in erster Linie solche Nebenzeiten eingespart, die beim Drehen für das Anstellen des Schneidmeißels auf den gewünschten Durchmesser, für das Messen am Werkstück u. a. m. benötigt werden. Nach einer amerikanischen Untersuchung vor etwa 15 Jahren machen die Hauptzeiten nur 20% der Gesamtarbeitszeit aus. Hieran wird sich in der Zwischenzeit beim gewöhnlichen Drehen nicht viel geändert haben. Die Forderung nach Verringerung der Nebenzeiten ist also außerordentlich wichtig. Sie wird um so schwerwiegender, je teurer die Werkzeugmaschinen werden, je mehr also die Notwendigkeit hervortritt, das investierte Kapital auch wirklich auszunutzen.

Überschaut man die Fülle der Konstruktionen von Nachformeinrichtungen an Drehbänken, so zeichnen sich zunächst zwei große Gruppen ab. Bei der einen, älteren, wird der Nachformvorgang dadurch bewirkt, daß die Bewegung des Schneidmeißels mit seinem Schlitten[1] auf mechanischem Wege durch Hebel oder Koppelglieder unmittelbar von einer Schablone[2] gesteuert wird. Soweit dabei überhaupt ein Unterschied zwischen dem Anstellwiderstand an der Meißelschneide und der Anpresskraft des Steuerorganes an der Schablone vorhanden ist, bleibt er gering. Oft muß die Schablone den waagerechten Teil der Schnittkraft voll aufnehmen. Diese *unmittelbar arbeitenden Nachformeinrichtungen* werden im Kap. II dieses Buches behandelt.

Im Gegensatz zu ihnen steht die zweite, jüngere Gruppe von Konstruktionen, bei denen das Schneidmesser nicht mehr unmittelbar, sondern mittelbar durch Zwischenschalten eines Servomotors (Hilfsmotors, Verstärkers) verschoben wird. Das die Schablone berührende Glied wird zum Fühler oder Taster, der die Hilfseinrichtung steuert. Der Unterschied zwischen der Anpreßkraft an der Schablone und dem Schnittwiderstand an der Meißelschneide ist sehr groß. Eine rein mechanische Koppelung zwischen Fühler und Schneidmeißel ist nicht mehr vorhanden. Die verschiedensten physikalischen Erscheinungen werden benutzt, um die von

---

[1] Zwecks Vermeidung des überflüssigen Fremdwortes „Support“ werden die drei Glieder, die bei der gewöhnlichen und der Universal-Drehbank die Bewegung und Einstellung des Schneidmeißels ermöglichen, in diesem Buche folgendermaßen bezeichnet: a) Bettschlitten oder Längsschlitten, b) Querschlitten oder Planschlitten; c) Oberschlitten oder Oberschieber oder Meißelhalterschlitten. Dazu kommen nun sinngemäß: „Nachformschlitten“ statt „Kopiersupport“ usw.

[2] Prof. Dr. KIENZLE, dem der Verfasser verschiedene wertvolle Anregungen für dieses Werkstattbuch verdankt, weist darauf hin, daß man für „Schablone“ neuerdings den Ausdruck „Bezugsformstück“ findet. Dieser Begriff umfaßt aber Blechschablonen und Musterwerkstücke zugleich. Daher sei ausdrücklich festgestellt, daß in dem vorliegenden Buch mit „Schablone“ nur das aus Flacheisen oder Blech hergestellte Bezugsformstück bezeichnet, im anderen Fall von „Musterwerkstücken“ gesprochen wird. Das Problem, für „Schablone“ ein kurzes deutsches Wort zu finden, bleibt bestehen. Vgl. W. H. GRES, Die geometrischen Verhältnisse bei der Herstellung unregelmäßiger Flächen. Berlin/Göttingen/Heidelberg: Springer 1953.

der Schablone ausgehenden Impulse in die Schneidmeißelbewegung umzusetzen. Man spricht hier von *mittelbar arbeitenden Nachformeinrichtungen* oder von *Nachformeinrichtungen mit Verstärker*. Sie werden in Kap. III (S. 16) behandelt und nehmen ihrer Bedeutung wegen den Hauptteil dieses Buches ein.

Beim Nachformen ist zu unterscheiden zwischen Körpern, deren Querschnitt an allen Stellen kreisrund ist und solchen, deren Querschnitt eine von der Kreisform abweichende Gestalt hat (Abb. 1).

Bei Drehkörpern mit *kreisförmigem* Querschnitt ist die Schnittgeschwindigkeit bzw. die Drehzahl nur abhängig von den technologischen Schnittbedingungen. Der Drehmeißel verändert seine Schnittstellung bei der einzelnen Umdrehung des Werkstückes nicht. Er bewegt sich nur so in der Längs- oder Planvorschubrichtung, wie es ihm von dem Taster über das Vorschubgetriebe vorgeschrieben wird.

Sind jedoch *unrunde* Körper nachzuformen, muß der Drehmeißel zusätzlich zu der oben beschriebenen Hauptbewegung bei jeder Umdrehung des Werkstückes

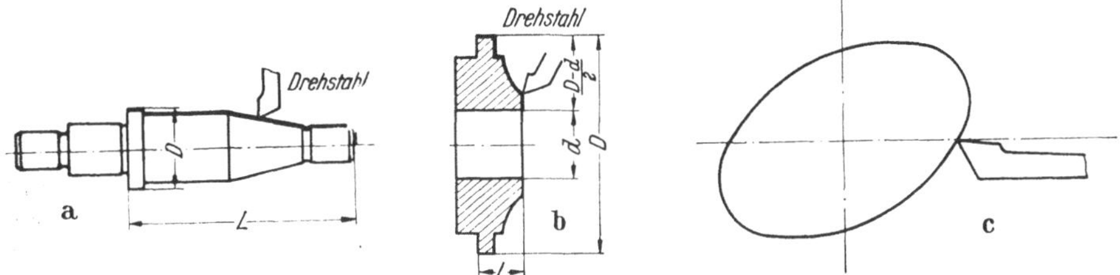


Abb. 1. Längs- (a), Quer- (b) und Unrundnachformdrehen (c).
Zu a: $L > D$; zu b: $L < D$, $(D - d)/2 =$ Nachformhub.

noch eine oder mehrere hin- und hergehende Bewegungen ausführen, entsprechend der Gestalt des betreffenden Querschnittes (z. B. Nocken, Vierkantblöcke, hinterdrehte Fräser). Diese hin- und hergehende Bewegung erfordert einen zusätzlichen Antrieb. Es leuchtet ein, daß die Umdrehungszahl des Werkstückes nunmehr durch das Hin- und Herschwingen des Schneidmeißels begrenzt wird. Wenn nämlich die Schwingungszahl zu groß wird, besteht die Gefahr, daß der Meißelhalterschlitten der nachzuformenden Kurve nicht mehr genau folgt (Einfluß von Eigenschwingungen).

Das Nachformen kreisrunder Werkstücke, deren Längenausdehnung wesentlich größer ist als ihr Durchmesser, wird mit „Längsnachformen" bezeichnet (*a* in Abb. 1). Im entgegengesetzten Fall spricht man von „Quernachformen" (*b* in Abb. 1). Beim Längsnachformen kann der Längsvorschub als Haupt- oder Grundbewegung angesehen werden, zu der eine dem Umriß der Schablone entsprechende veränderliche Planvorschubbewegung geometrisch addiert wird.

Beim Quernachformen ist es umgekehrt. Die Schablone wird hierbei oft nicht in der Längsrichtung, sondern quer zur Drehbankhauptachse angeordnet.

Das Nachformen von unrunden Querschnitten heißt „Unrundnachformen" (*c* in Abb. 1).

## II. Unmittelbar arbeitende Nachformeinrichtungen.

### A. Längs- und Quernachformen.

Die Entwicklung der mechanischen Nachformeinrichtungen wurde durch das Bestreben wachgerufen, Körper zu drehen, die nicht aus zylindrischen Teilstücken zusammengesetzt sind. Abgesehen davon, daß solche Körper durch geschickte gleichzeitige Handbetätigung von Plan- und Längszug erzeugt werden können, erfordern diese Drehaufgaben Zusatzeinrichtungen, die das Werkzeug zwangsläufig führen. Eine der wichtigsten Vorrichtungen in diesem Sinne sind die Kegeldreheinrichtungen oder Konuslineale.

**1. Die Erzeugung von Kegeln** ist an der Drehbank mit zwei Einrichtungen möglich. Handelt es sich um kurze Kegel, wird der auf dem Planschlitten drehbare Oberschlitten dem Steigungswinkel des zu bearbeitenden Kegels entsprechend verschwenkt. Quer- und Längsvorschub sind stillgesetzt, so daß sich Bett- und Planschlitten nicht bewegen können. Der Drehstahl läßt sich dann nur durch Verschieben des Oberschlittens verstellen, im allgemeinen von Hand. Bei einigen Drehbänken ist als Sonderausstattung auch ein sogenannter Selbstgang für den Oberschlitten vorgesehen, wobei seine Spindel über ein Kegelradgetriebe mit dem Vorschubantrieb in der Schloßplatte gekuppelt wird. Der Schneidmeißel erhält dann einen selbsttätigen Vorschub in Richtung der Kegelsteigung (Abb. 2).

Abb. 2. Drehbank mit zwei Oberschiebern und Selbstgang zur Bearbeitung eines Kegelrades. (SCHAERER, Anschrift: Industriewerke Karlsruhe A.G. Karlsruhe)[1].

Da der Oberschlitten schwenkbar ist, lassen sich Kegel mit beliebigem Steigungswinkel herstellen. Die Länge der Kegel ist jedoch durch den Verstellbereich des Oberschlittens begrenzt.

Sollen längere Kegel gedreht werden, verwendet man das *Kegellineal* (die Werkstatt sagt auch „Konuslineal"). An der Rückseite des Bettschlittems befindet sich eine Grundplatte. Auf dieser Grundplatte gleitet in Führungsbahnen die Zwischenplatte, auf der das Kegellineal ruht (Abb. 3). Dieses läßt sich nach beiden Seiten schräg stellen (etwa 10 bis 15° nach jeder Seite) und wird durch Klemmschrauben in der gewünschten Lage festgehalten. Häufig ist eine Feineinstellschraube für die genaue Winkellage vorgesehen. An der Zwischenplatte ist eine Stange befestigt, die an dem Drehbankbett festgeklemmt werden kann. Auf dem Kegellineal bewegt sich ein Schieber, der mit dem Endlager der als Teleskopspindel ausgeführten Planzugspindel verbunden ist.

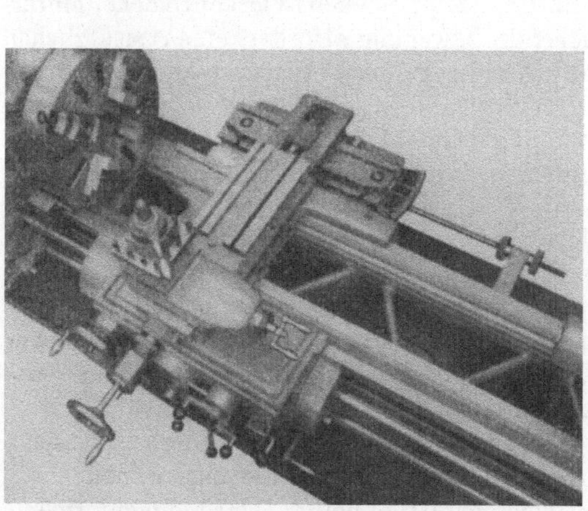

Abb. 3. Kegeldreheinrichtung (SCHAERER).

---

[1] Die Firmenbezeichnungen bei den Abbildungen werden nur das erste Mal ausführlich, weiterhin gekürzt wiedergegeben.

Beim Drehen von zylindrischen Körpern fährt die ganze Anordnung mit dem Bettschlitten mit, ohne daß eine Querverschiebung eintritt. Soll ein Kegel gedreht werden, wird die Zwischenplatte über ihre Haltestange fest mit dem Bett verbunden. Steht das Kegellineal schräg, verschiebt sich der Schieber jetzt mit der an ihm hängenden Planspindel quer zur Drehbankachse, wenn der Längsvorschub arbeitet. Der Schneidmeißel muß sich dann parallel zum Kegellineal bewegen.

Einige Kegeldrehvorrichtungen sind so eingerichtet, daß sich der Planschlitten auch unmittelbar mit dem Kegelschieber zusammenklemmen läßt. Die Planspindel ist dann ausgeschaltet, so daß sehr genaue Kegel erzeugt werden können.

Mit derartigen Kegeldreheinrichtungen können schlanke Kegel mit großer Genauigkeit hergestellt werden. Ihre Länge ist nur abhängig von der Länge des Kegellineals, das meist in verschiedenen Längen lieferbar ist.

Neben dem Drehen von Kegeln werden Kegellineale auch für das Erzeugen von Kegelgewinden benötigt, wenn die Ganghöhe des Gewindes parallel zur Dreh-

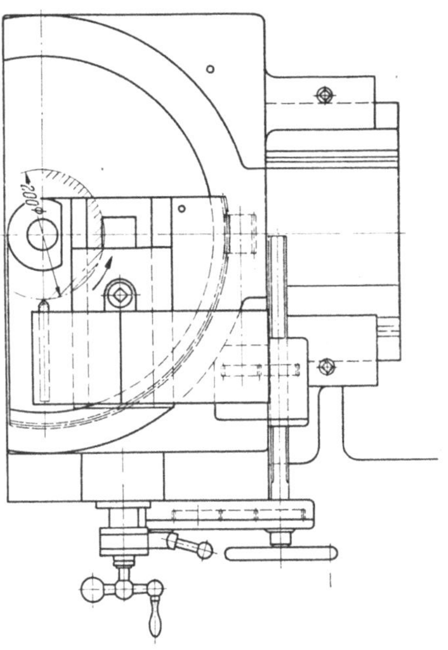

Abb. 5.
Kugeldreheinrichtung (Vereinigte Drehbank-Fabriken-Heidenreich & Harbeck, Hamburg).

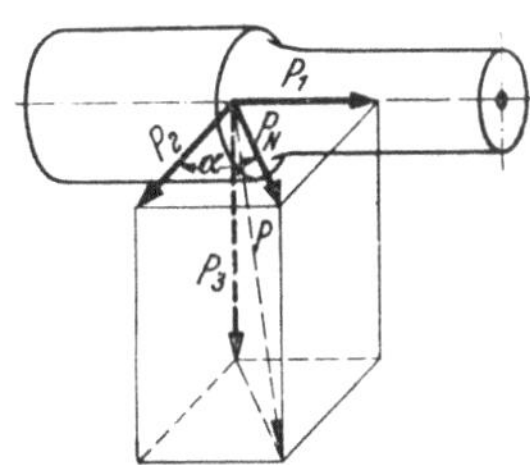

Abb. 4. Zerlegung der Gesamtschnittkraft $P$ (Gesamtschnittwiderstand) in ihre Teilkräfte. $P_1$ Vorschubkraft; $P_2$ Anstellkraft; $P_3$ Hauptschnittkraft; $P_N$ Normalkraft zwischen Werkstück und Drehmeißel in der Waagerechtebene $(P_N = \sqrt{P_1{}^2 + P_2{}^2})$; $\alpha$ Neigung der Bearbeitungsfläche zur Vorschubrichtung. Vgl. Abb. 6.

bankmittellinie verläuft. Sollen Gewinde geschnitten werden, deren Ganghöhe parallel zur Mantellinie des Kegels gemessen werden, benutzt man im allgemeinen den schwenkbaren Oberschlitten. Diese Gewinde lassen sich auch mit dem Kegellineal schneiden. Das Verfahren ist sogar genauer, das Berechnen der Wechselräder aber schwieriger.

Die an der Meißelschneide auftretende waagerechte Teilkraft $P_N$ aus der Zerspanungskraft $P$ wird von dem Kegellineal in voller Größe aufgenommen (Abb. 4).

**2. Das Drehen von Kugeln** stellt bei der Betrachtung über Nachformeinrichtungen einen Sonderfall dar. Man bedient sich eines Sondermeißelhalters, der um den Mittelpunkt der Kugel herumgeschwenkt werden kann (Abb. 5), und zwar selbsttätig über ein Vorschubgetriebe. Diese Anordnung gehört eigentlich nicht mehr zu den Nachformeinrichtungen im engeren Sinne, da ja nicht eine Schablone oder ein Musterstück „nachgeformt", sondern die Kugelform durch eine Getriebeanordnung erzeugt wird. Sie sei hier jedoch mit erwähnt, weil gemäß Abschnitt I die Einrichtungen zum Drehen nichtzylindrischer Werkstücke behandelt werden sollen[1].

Durch das Herumschwenken des Meißelhalters ist der Meißel immer zum Kugelmittelpunkt hin gerichtet. Dadurch ergeben sich wesentlich günstigere Zerspanungsverhältnisse als bei dem Nachformdrehen von Kugeln nach Schablone. Hierbei verschiebt sich der Meißel nämlich parallel zu sich selbst, ändert also dauernd seinen Einstellwinkel zur bearbeiteten Fläche.

**3. Die Herstellung von unregelmäßigen Drehkörpern.** Unmittelbar aus der Kegeldreheinrichtung hat sich die Nachformdreheinrichtung entwickelt. An die Stelle des Kegellineals tritt eine Schablone, an die Stelle des Schiebers eine Tastrolle,

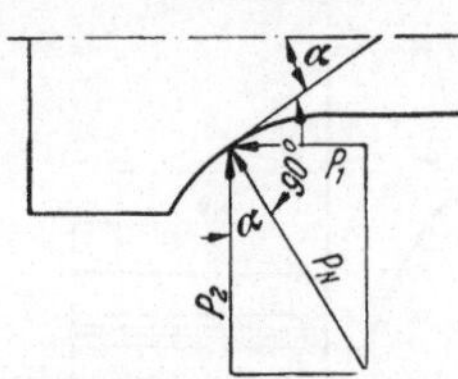

Abb. 6. Kräfte an der Nachformschablone. $P_1$ Vorschubkraft; $P_2$ Anstellkraft; $P_N$ Normalkraft = waagerechte Teilkraft der Gesamtschnittkraft $P$ (vgl. Abbildung 4); $\alpha$ Neigung der Bearbeitungsfläche zur Vorschubrichtung.

die an der Schablone entlangrollt. Die Tastrolle wird entweder in zwei parallelen Kurvenstücken geführt oder durch Feder- bzw. Gewichtsbelastung (über Seilzug) gegen die Schablone gepreßt.

Diese Anordnung muß ebenfalls die volle waagerechte Schnittkraft in der Querrichtung übertragen. Werden Federn oder Gewichte verwendet, sind die Anpreßkräfte natürlich wesentlich größer zu wählen, damit die Rolle mit Sicherheit an der Schablone bleibt. Die Schablonen sind entsprechend kräftig zu bemessen.

Bezeichnet man nach Abb. 6 den Winkel zwischen Drehbanklängsachse und Schablonenkante mit $\alpha$, die gleichbleibende Anstellkraft, quer zur Vorschubrichtung, mit $P_2$, so ist der Normaldruck auf die Schablonenkante

$$P_N = P_2/\cos \alpha \tag{1}$$

und die Kraft in der Vorschubrichtung

$$P_1 = P_2 \operatorname{tg} \alpha. \tag{2}$$

$P_N$ und $P_1$ wachsen mit dem Winkel $\alpha$ und werden mit $\alpha = 90°$ unendlich groß.

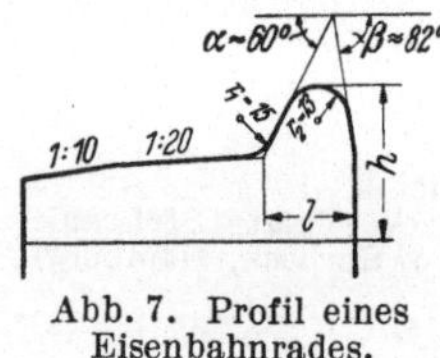

Abb. 7. Profil eines Eisenbahnrades.

daher lassen sich mit dieser Einrichtung nur Formen drehen, bei denen der Winkel $\alpha$ etwa 30° nicht überschreitet.

**4. Die Erzeugung von Eisenbahnräderprofilen.** Für bestimmte häufig wiederkehrende Drehaufgaben sind im Laufe der Zeit Sondereinrichtungen entwickelt worden, die das Bearbeiten solcher Teile in besonders zweckmäßiger und wirtschaftlicher Weise gestatten. Als Vertreter dieser Gattung sei die Einrichtung für das Abdrehen der Profile von Eisenbahnrädern näher beschrieben.

Das Profil eines Eisenbahnrades besteht aus der schwach geneigten Lauffläche und dem steil ansteigenden Spurkranz (Abb. 7). Entsprechend besitzt die Einrichtung 2 Meißelhalter, einen für die Lauffläche, den anderen für den Spurkranz. Die Meißelhalter (Abb. 8 bis 10) sind als Schwinghebel ausgebildet, an deren einem Ende der Schneidmeißel eingespannt, während an dem anderen ein Kurbelzapfen eingesetzt ist, der von einer Kurbel geführt wird. Ein Gleitstein in einer Kulissenführung der Antriebskurbel umfaßt den in dem Schwinghebel fest eingelassenen Kurbelzapfen. Dieser Kurbelzapfen, der auf diese Weise unten über einen Gleit-

---

[1] Das Kugeldrehen mit dem Kugeldrehschlitten ist ein Beispiel für die Gruppe der *geometrischen Erzeugungsverfahren*, bei denen im Gegensatz zu den Nachformverfahren die Werkstückformen durch Getriebeanordnungen erzeugt werden. Vgl. GRES, Anm. [2], S. 4.

stein mit der Antriebskurbel in Verbindung steht, gleitet oberhalb des Schwing-hebels in einer als Führungsschlitz ausgebildeten Schablone, die dem abzudrehenden

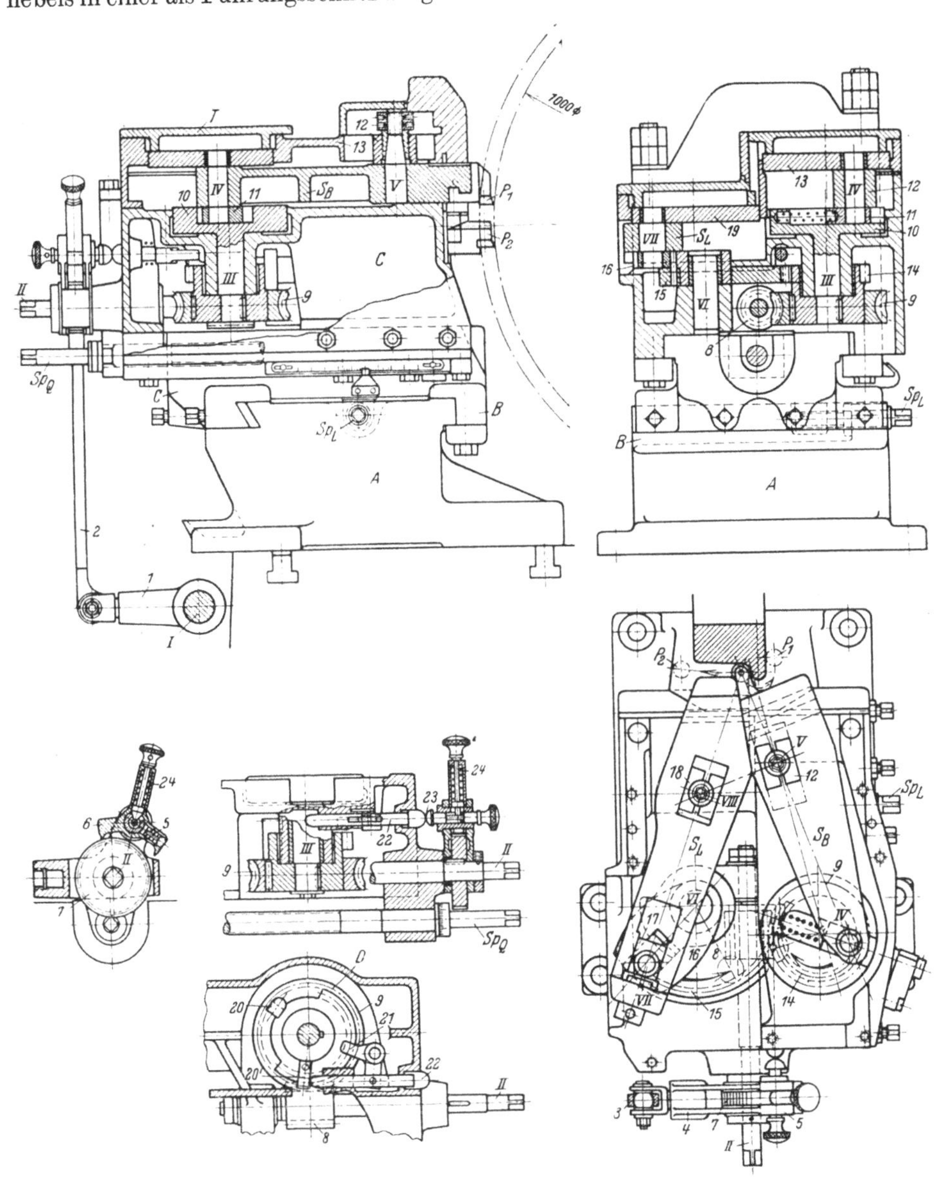

Abb. 8. Nachformdreheinrichtung für Eisenbahnräder (Wilhelm Hegenscheidt K. G., Erkelenz/Rhld.).

*A* Untersatz; *B* Zwischenschieber zum Ausrichten, parallel zur Radachse verschiebbar; *C* Ober-schieber mit Maßstab für Werkzeugtiefenstellung; *D* Tragscheibe für die Anschläge; *8, 9, 10* Schnecken-trieb mit Kurbelscheibe als Schwinghebelantrieb, Bordstahlschwinghebel $S_B$ mit Gleitstein (*11*) für Kurbelscheibe (*10*) unten und Gleitstein (*12*) für Schablonenführung (*13*) im Deckel oben. Der Bord-stahl hat Pilzform ($P_1$) für den Hohlkehlenübergang zwischen Lauffläche und Bord. *IV/V* Schwing-bolzen fest mit Bordstahlhebel ($S_B$) verbunden; $S_L$ Laufflächenstahlhalterhebel mit Gleitstein (*16*) unten im Stirnradsegment (*14/15*) und Gleitstein (*17*) oben in der Deckelschablone (*19*); *14* u. *15* Stirn-radübertragung vom Bordstahl-Schneckenradantrieb auf Schwinghebel ($S_L$) für die Lauffläche (*15* ist Zahnradsegment); *13* u. *19* auswechselbare Deckelschablonen; *1* bis *7* Sperrad-Schaltgetriebe für den Vorschub längs der Kurvenumrisse für Lauffläche und Bordrand; *20, 20′, 21* bis *24* Ausrückwerk für Bewegung der Schalthebel, sobald Pilzstähle $P_1$, $P_2$ in den Endstellungen innen oder außen angekommen sind; $Sp_L$ Gewindespindel zum Einstellen des Oberschlittens in der Längsrichtung; $Sp_Q$ Spindel zur Einstellung des Zwischenschiebers in der Querrichtung auf Tiefe.

Profil entspricht. In der Nähe des Stahles trägt der Schwinghebel einen zweiten Zapfen, der ebenfalls in einem Gleitstein endet. Dieser Gleitstein bewegt sich in einer geraden Kulisse, so daß sich der Schwinghebel an dieser Stelle wohl längs, nicht jedoch in Querrichtung bewegen kann.

Mit dieser sinnreichen Konstruktion, die in ihrer Wirkungsweise eine Verbindung zwischen den Nachform- und den geometrischen Erzeugungsverfahren darstellt, läßt sich mechanisch das Profil des Eisenbahnrades drehen, ohne daß der Winkel zwischen Gleitführung und Nachformlinie einen zu großen Wert annimmt. Der in Gl. (1) mit $\alpha$ bezeichnete Winkel zwischen Gleitrolle und Nachformlinie ist hier sinngemäß der Winkel zwischen den Tangenten an Antriebskurbelkreis und Schablonenkurve im Berührungspunkt.

Abb. 9. Nachformdreheinrichtung für Eisenbahnräder: Blick auf die Schwinghebel (Hegenscheidt).

Ein besonderer Längsvorschub ist nicht vorhanden, vielmehr die Schwinghebelbewegung so ausgelegt, daß der Schneidmeißel bei stillstehendem Nachformapparat den ganzen Bereich des abzudrehenden Umrisses überstreichen kann.

Abb. 10. Nachformdreheinrichtung für Eisenbahnräder: Einsetzen der Schablonen (Hegenscheidt).

# B. Unrundnachformen.

**5. Hinterdreheinrichtungen** verwendet man zum Bearbeiten von Fräsern, Kupplungen und ähnlichen Werkstücken. Am Beispiel des Abwälzfräsers für Verzahnungen sei die Einrichtung beschrieben. Das Schneidprofil des Fräsers darf durch Nachschleifen nicht geändert werden. Der Fräser wird an der Spanfläche geschliffen, die zum Fräsermittelpunkt gerichtet ist (Abb. 11). Damit dabei das Profil nicht verzerrt wird, muß der Zahnrücken nach einer logarithmischen Spirale gekrümmt sein, weil nur bei dieser Kurve der Winkel zwischen Tangente und Radius im Berührungspunkt der Tangente gleich bleibt.

Um diese Krümmung zu erzeugen, erhält der Drehmeißel je Zahn eine zusätzliche, zum Fräsermittelpunkt gerichtete Bewegung (Hinterdrehbewegung genannt). Der Meißel schiebt sich also entsprechend den geschilderten Gesetzmäßigkeiten in den Fräserzahn hinein und springt nach Ablauf des Zahnes und Erreichen des Hubes $h$ ruckartig zurück.

Die Hinterdrehbewegung wird von Hinterdreheinrichtungen, die an Universaldrehbänken angebracht werden, oder auf besonderen Hinterdrehbänken erzeugt.

Diese haben an Stelle des gewöhnlichen Bett- und Planschlittens einen besonderen Bettschlitten, der das für die radiale Hubbewegung des Meißelhalterschlittens notwendige Getriebe enthält. Der Hinterdrehschlitten wird im allgemeinen von einer Hubkurvenscheibe bewegt, die im Mittelpunkt des Schlitten-Drehteiles angeordnet ist. Die nach einer logarithmischen Spirale gekrümmte Hubscheibe schiebt den Hinterdrehschlitten gegen die Drehachse unter Überwindung der Kraft einer Rückholfeder vor (Abb. 12). Die Hubscheibe macht also je Fräserzahn eine Umdrehung. Andere Bewegungsmittel sind Nutenrollen mit Gleitzähnen oder 2 Kupplungshälften mit spitzen Zäh-

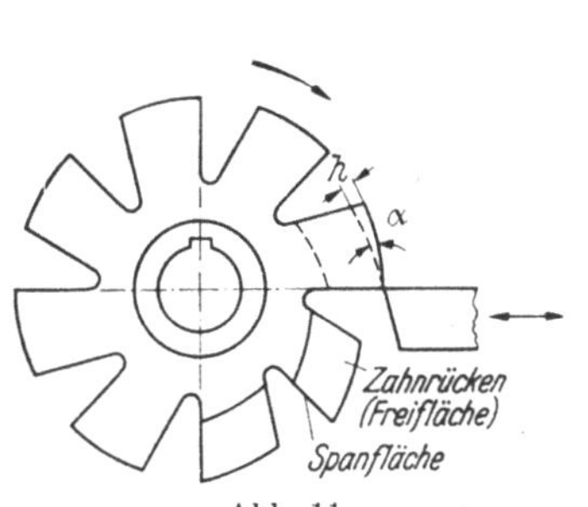


Abb. 11.
Abwälzfräser. *h* Hub des Meißels je Zahn; α Freiwinkel des Fräserzahnes.

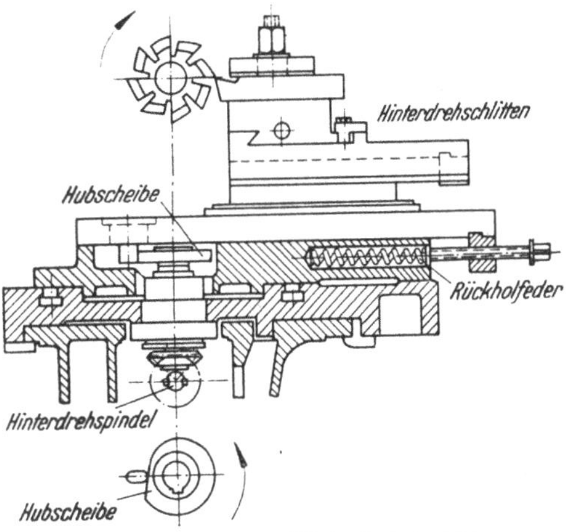


Abb. 12. Schema einer Hinterdreheinrichtung.

nen, die sich unter Federdruck gegeneinander verschieben und jeweils nach Bearbeitung eines Fräserzahnes ineinander zurückspringen.

Die Hubscheibe wird über ein Kegelradgetriebe von der Hinterdrehspindel angetrieben, die entweder in der Bettmitte oder an der Rückseite des Bettes gelagert

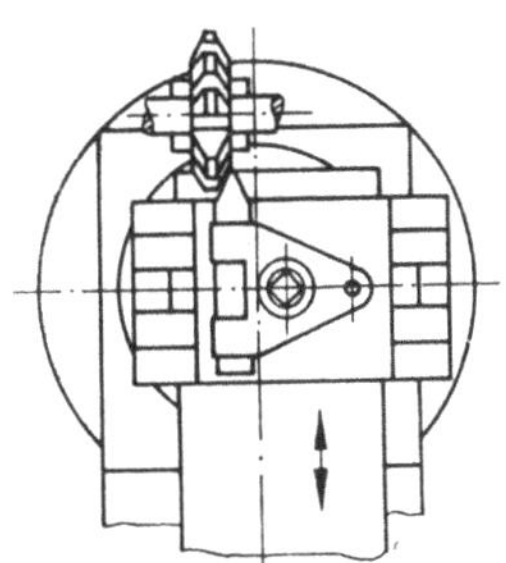

Abb. 13. Hinterdrehen eines Zahnformfräsers — Radiales Hinterdrehen.

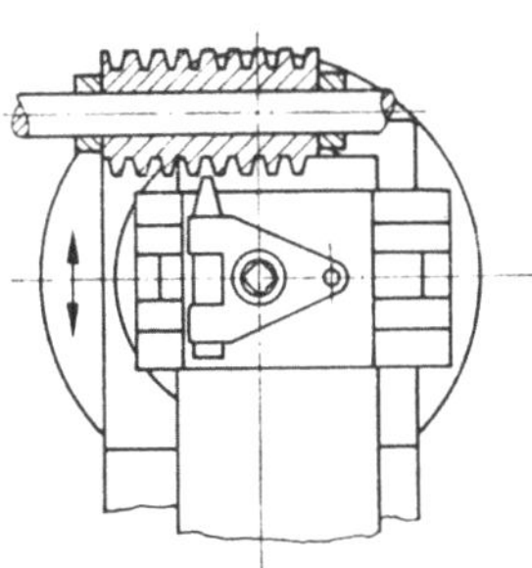

Abb. 14. Hinterdrehen eines Abwälzfräsers — Radiales Hinterdrehen.

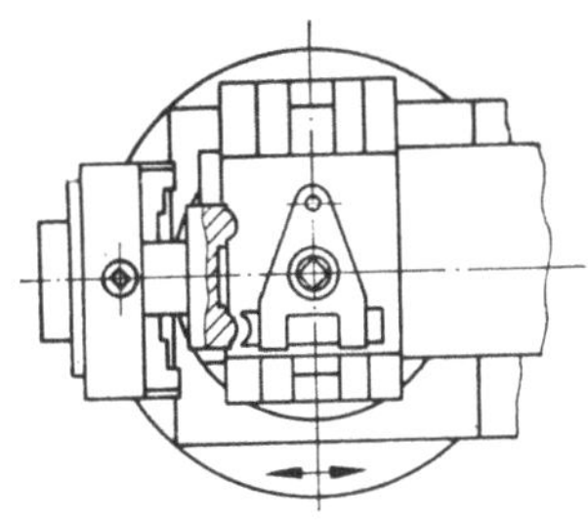

Abb. 15. Hinterdrehen eines Stirnfräsers — Axiales Hinterdrehen.

ist. Da die Hubscheibe im Mittelpunkt des Hinterdrehschlitten-Drehteiles angeordnet ist, läßt sich dieser in alle Richtungen schwenken, so daß Hinterdreharbeiten in radialer, axialer und schräger Richtung ausgeführt werden können. Die Abb. 13 bis 16 zeigen einige Bearbeitungsbeispiele.

Für jeden Hub muß eine besondere Hubscheibe in den Bettschlitten eingesetzt werden. Den Maschinen werden Hubscheiben in Abstufungen von 1/2 mm Hub mitgegeben. Der Bettschlitten ist so konstruiert, daß die Hubscheiben leicht ausgewechselt werden können.

Beim Hinterdrehen von Fräsern mit schraubigen Nuten (in der Werkstatt meist als „Spiralnuten" bezeichnet[1]), wie z. B. den Abwälzfräsern für die Zahnradherstellung, muß die Hubscheibe entsprechend der Nutensteigung vor- oder nacheilen. Diese Zusatzbewegung wird der Hinterdrehspindel über ein Summengetriebe von der Leit- bzw. Zugspindel erteilt. Der Getriebeplan einer Hinterdrehbank (Abb. 17) enthält demnach:

a) Antrieb der Hinterdrehspindel über Wechselräder von der Arbeitsspindel zur Erzeugung der eigentlichen Hinterdrehbewegung über die Hubkurvenscheibe.

b) Antrieb der Leitspindel über Wechselräder von der Arbeitsspindel zur Erzeugung von Gewinden am Werkstück (z. B. erforderlich bei der Herstellung von Abwälzfräsern, die ja aus der Getriebeschnecke hervorgegangen sind).

c) Antrieb der Zugspindel über ein Vorschubgetriebe von der Arbeitsspindel.

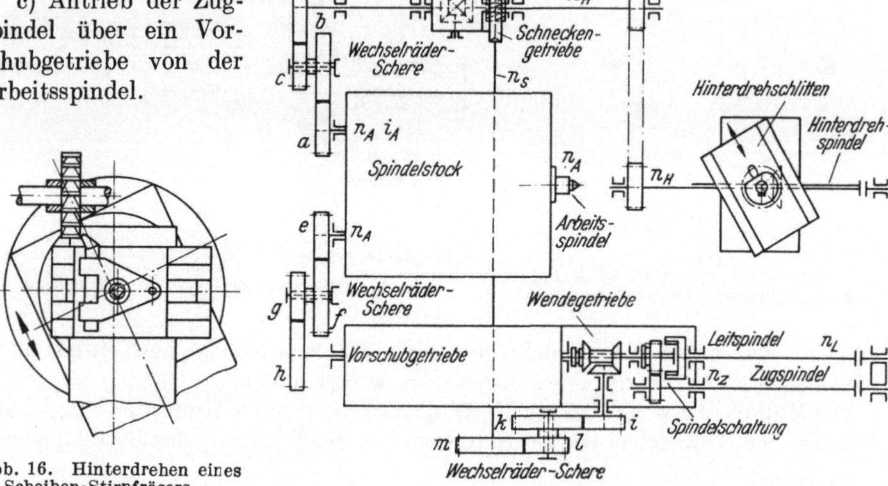


Abb. 16. Hinterdrehen eines Scheiben-Stirnfräsers — Schräges Hinterdrehen.

Abb. 17. Getriebeplan einer Hinterdrehbank mit Summengetriebe.

d) Zusätzlichen Antrieb der Hinterdrehspindel für die Bearbeitung von schraubig genuteten Fräsern, der von der Leitspindel bzw. Zugspindel über ein Summengetriebe abgeleitet wird.

Da rechts- und linkssteigende Nuten vorkommen, muß der Zusatzantrieb mit Rechts- und Linksablauf versehen werden. Der Antrieb der Hinterdrehspindel wird von der Arbeitsspindel unmittelbar oder von einer schneller laufenden Welle abgeleitet. Bei den neueren Maschinen werden Leit- und Zugspindel über Schaltgetriebe angetrieben, so daß die Wechselräder nur bei ungewöhnlichen Gewindesteigungen geändert zu werden brauchen.

Abgesehen von den getriebetechnischen Besonderheiten unterscheiden sich Hinterdrehbänke von gewöhnlichen Drehbänken durch eine wegen der beim Hinterdrehen auftretenden starken Erschütterungen notwendige besonders kräftige Bettkonstruktion.

---

[1] Die Bezeichnung „spiralgenuteter" Fräser ist grundsätzlich ebenso falsch, wie die Bezeichnung „Spiralbohrer". In beiden Fällen haben wir „schraubenförmige" Nuten vor uns. Bei den Federn spricht man heute im ähnlichen Falle schon durchweg von Schraubenfedern, um Verwechslungen zu vermeiden mit den Spiralfedern (z. B. Uhrfedern), deren Windungen in einer Ebene liegen, entsprechend den geometrischen Spiralen.

An Stelle des Hinterdrehmeißels läßt sich auf dem Oberschlitten auch eine Schleifspindel einspannen, die von einem besonderen, auf dem Bettschlitten angebrachten Schleifmotor angetrieben wird, so daß die hinterdrehten Werkstücke auch hinterschliffen werden können. Ferner können Hinterdrehbänke mit Nachformeinrichtungen versehen werden, die das Nachformen und Hinterdrehen verwickelter Werkstücke gestatten (Abb. 18 und 19).

**6. Berechnung der Maschineneinstellung beim Hinterdrehen.** Hierfür werden folgende Bezeichnungen gewählt (Abb. 17 und 20):

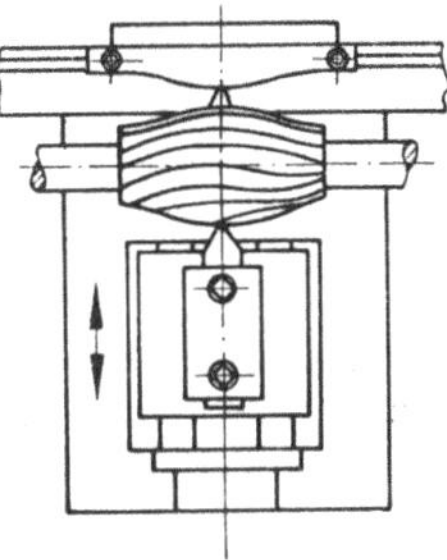

Abb. 18. Hinterdrehen mit Nachformschablone.

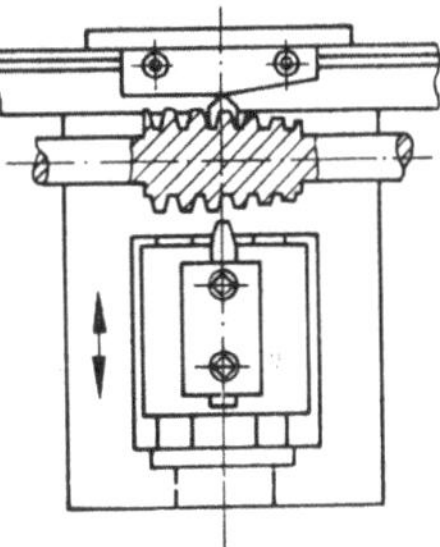

Abb. 19. Hinterdrehen eines Schneckenradfräsers.

$n_A$   Drehzahl der Arbeitsspindel . . . . . . . . . . . . . . . (min$^{-1}$)

$n_L$   Drehzahl der Leitspindel . . . . . . . . . . . . . . . . (min$^{-1}$)

$n_Z$   Drehzahl der Zugspindel . . . . . . . . . . . . . . . . (min$^{-1}$)

$n_H$   Drehzahl der Hinterdrehspindel . . . . . . . . . . . . (min$^{-1}$)

$n_S$   Drehzahl der Schnecke am Summengetriebe . . . . . . . (min$^{-1}$)

$h_L$   Steigung der Leitspindel . . . . . . . . . . . . . . . (mm)

$h_G$   Steigung des zu schneidenden Gewindes . . . . . . . . (mm)

$h_S$   Steigung der Schraubennute am Werkstück . . . . . . . (mm)

$z_F$   Zähne- bzw. Nutenzahl des Werkstückes . . . . . . . .

$s$    Vorschub je Umdrehung der Arbeitsspindel . . . . . . . (mm)

$o$    Weg des Bettschlittens bei einer Umdrehung der Zugspindel (mm)

$p$    Vorschub bei einer Umdrehung der Hubscheibe . . . . . (mm)

$i_S$   Übersetzungsverhältnis des Schneckentriebes am Summengetriebe

$i_A$   Übersetzungsverhältnis zwischen Arbeitsspindel und Räderantrieb der Hinterdrehspindel

$i_V$   Übersetzungsverhältnis zwischen Arbeitsspindel und Zugspindel

$r$    Radius des Werkstückes . . . . . . . . . . . . . . . . (mm)

$h, h'$ Größe der Hinterdrehung . . . . . . . . . . . . . . . (mm)

$\beta$   Keilwinkel

$e$    Basis der natürlichen Logarithmen

$a, a', \varphi, \varphi'$ aus Abb. 20.

**a) Berechnung der Hubscheibe (Abb. 20).** Die Polargleichung der logarithmischen Spirale lautet:

$$r = a \cdot e^{m\varphi}, \text{ wobei } m = \operatorname{ctg}\beta. \qquad (3)$$

Ferner ist $\varphi' = \dfrac{2\pi}{z_F}$; $\varphi < \varphi'$. Der Drehmeißel braucht selbstverständlich nicht den Hub $h'$, der der ganzen Zahnteilung entspricht, zu erreichen, sondern kann schon nach Erreichen von $h$ zurückspringen. Die Größe der Zahnlücke $\varphi' - \varphi$ hängt von praktischen Erfahrungen ab. Sie soll einerseits so groß sein, daß das Rückspringen des Meißels und das rechtzeitige Wiederansetzen für den nächsten Zahn gesichert ist, anderseits soll die Zahnlücke natürlich klein bleiben, um den Fräser möglichst oft

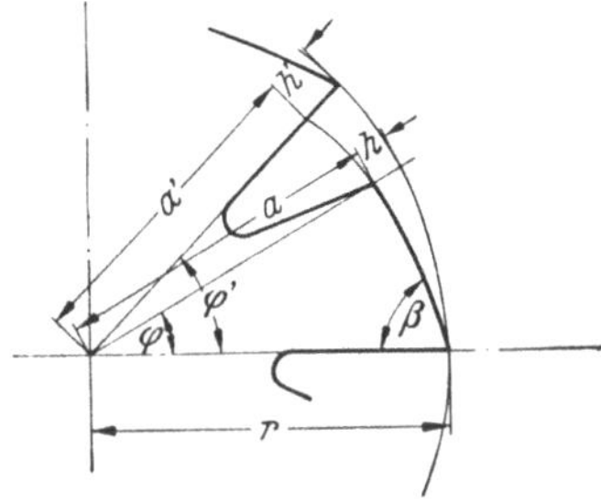

Abb. 20. Zur Berechnung der Hubscheibe.

nachschleifen zu können. Nach Abb. 20 ist $a = r - h$, folglich unter Hinzunahme von Gl. (3):

$$h = r \left( 1 - \frac{1}{e^{\,\mathrm{ctg}\,\beta\,\cdot\,\varphi}} \right), \tag{4}$$

$$h' = r \left( 1 - \frac{1}{e^{\,\mathrm{ctg}\,\beta\,\cdot\,\varphi'}} \right). \tag{5}$$

Der Hub ist also abhängig von dem Radius des Fräsers, dem gewählten Fräser-Keilwinkel $\beta$ und der Anzahl der Zähne.

**b) Wechselräder für die Leitspindel (Abb. 17).** Bei der Berechnung der Wechselräder für die Leitspindel geht man von dem Gedanken aus, daß die Drehzahl der Arbeitsspindel, multipliziert mit der auf dem Werkstück zu erzeugenden Gewindesteigung, gleich sein muß der Drehzahl der Leitspindel, multipliziert mit der Steigung derselben.

$$n_A \cdot h_G = n_L \cdot h_L$$

$$\frac{n_A}{n_L} = \frac{h_L}{h_G} = \frac{z_f}{z_e} \cdot \frac{z_h}{z_g}. \tag{6}$$

**c) Wechselräder für die Hinterdrehspindel.** Die Wechselräderübersetzung für die Hinterdrehspindel ergibt sich aus der Forderung, daß die Hinterdrehspindel und damit die Hubscheibe je Umdrehung der Arbeitsspindel so viele Umdrehungen machen muß, wie der Fräser Zähne besitzt.

$$\frac{n_A}{n_H} = \frac{1}{z_F} = \frac{z_b}{z_a} \cdot \frac{z_d}{z_c} \cdot \frac{1}{i_A};$$

**d) Übersetzung des Vorschubgetriebes.** Der Berechnung des Vorschubgetriebes liegen die gleichen Gedankengänge zugrunde wie der Berechnung des Leitspindelantriebes.

$$n_A \cdot s = n_Z \cdot o$$

$$\frac{n_A}{n_Z} = \frac{o}{s} = i_V. \tag{7}$$

**e) Wechselräder für den Antrieb des Summengetriebes.** Beim spiralig (richtiger: schraubig) genuteten Fräser von der Länge $h_S$ muß die Hubscheibe $z_F$ Hübe mehr oder weniger machen als bei einem Werkstück mit geraden Nuten. Beim Hinterdrehen eines Zahnes also

$$\pm \frac{z_F \cdot p}{h_s}.$$

Mit $z_F \cdot p = h_G$ bei Leitspindelantrieb oder $z_F \cdot p = s$ bei Zugspindelantrieb wird die Anzahl der zusätzlichen Hübe je Zahn

$$\pm \frac{h_G}{h_s} \quad \text{oder} \quad \frac{s}{h_s}.$$

Für $n_H$ Umdrehungen der Hinterdrehspindel ist also hinzuzufügen:

$$\pm n_H \cdot \frac{h_G}{h_S}\,; \text{ bzw. } \pm n_H \cdot \frac{s}{h_S} = n_S \cdot i_S.$$

Da

$$h_G = \frac{n_L \cdot h_L}{n_A} = \frac{n_L \cdot h_L \cdot z_F}{n_H}$$

bzw.

$$s = \frac{n_Z}{n_A} \cdot o = \frac{n_Z \cdot o \cdot z_F}{n_H},$$

wird

$$n_S = \pm \frac{1}{i_S} \cdot \frac{n_L \cdot h_L \cdot z_F}{h_S}$$

bzw.

$$\pm \frac{1}{i_S}\,\frac{n_Z \cdot o \cdot z_F}{h_S}$$

$$\frac{n_S}{n_L} = \pm \frac{1}{i_S} \cdot \frac{h_L \cdot z_F}{h_S} \qquad (8)$$

bzw.

$$\frac{n_S}{n_Z} = \pm \frac{1}{i_S} \cdot \frac{o \cdot z_F}{h_S} \qquad (9)$$

$$\frac{h_L \cdot z_F}{h_S} = \frac{z_i}{z_k} \cdot \frac{z_l}{z_m} \cdot i_S = \frac{o \cdot z_F}{h_S}\,, \qquad (10)$$

d. h. also, die an der Wechselräderschere für das Summengetriebe aufzusteckende Übersetzung errechnet sich unter Berücksichtigung von $i_S$

bei *Leitspindelantrieb* aus dem Produkt von Steigung der Leitspindel mal Zähnezahl des Fräsers, geteilt durch die Steigung der Nuten,

bei *Zugspindelantrieb* aus dem Produkt von Weg des Bettschlittens je Umdrehung der Zugspindel mal Zähnezahl des Fräsers, geteilt durch die Steigung der Nuten.

**7. Drehen von Ovalen, Nocken und Blöcken.** Die Anordnung zum Drehen von *Unrunden* ist ähnlich der bei der Hinterdrehbank. Der Unterschied zum Hinterdrehen besteht jedoch darin, daß das Unrund keine Absätze aufweist, wie ein zu hinterdrehender Fräser, so daß der Nachformschlitten während der gesamten Umdrehung des Werkstückes von der Steuerkurve geführt wird. Es muß noch

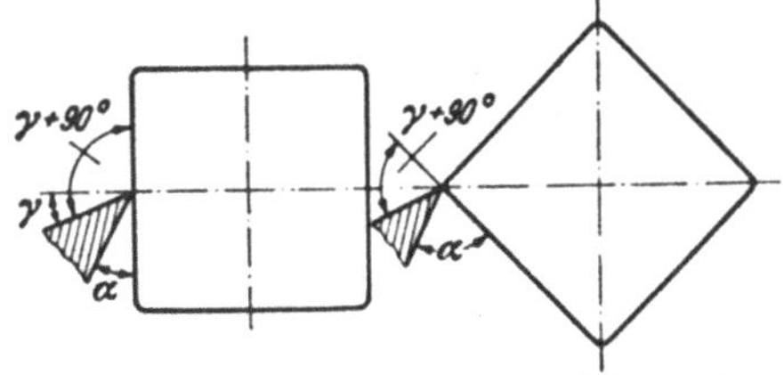

Abb. 21. Änderung von Freiwinkel $\alpha$ und Spanwinkel $\gamma$ beim Unrunddrehen.

unterschieden werden zwischen Unrunden, deren Abweichungen vom Kreis gering sind (Motorenkolben, Kolbenringe) und solchen mit größeren Abweichungen (z. B. Nocken, vierkantige Blöcke, Flaschenformen u. a.).

Die Steuerkurve oder Hubscheibe kann dieselbe Drehzahl wie die Arbeitsspindel haben oder ein Vielfaches davon. Läuft sie schneller, wird das Profil ähnlich wie beim Hinterdrehen mehrmals auf dem Umfang des Werkstückes aufgebracht.

Während die Schneidwinkel beim Hinterdrehen im allgemeinen wegen der Krümmung der Fräserzähne nach einer logarithmischen Spirale gleich bleiben, spielt die Veränderung von Freiwinkel und Spanwinkel beim Drehen unrunder Querschnitte u. U. eine erhebliche Rolle. Beim Drehen eines Vierkantes mit quadratischem Querschnitt verändern sich die genannten Winkel um Werte bis zu 45° (Abb. 21). Es ist daher notwendig, daß der Schneidmeißel den zu bearbeitenden Querschnitten entsprechend mitschwingt, damit sich die Schneidwinkel nicht verändern. In besonders ungünstigen Fällen ersetzt man den Drehmeißel durch einen Fräser, der ähn-

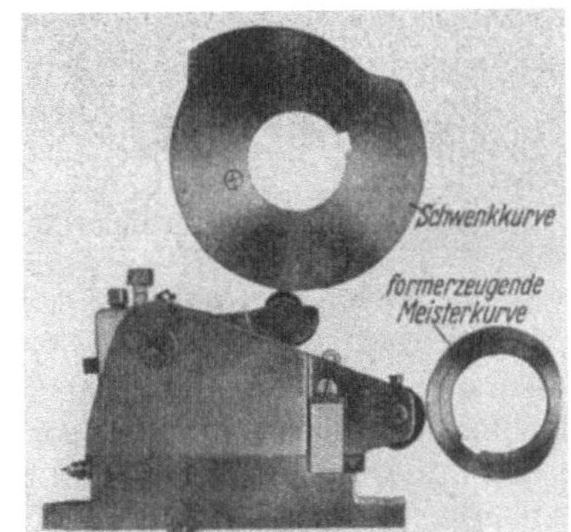


Abb. 22. Schwenkkurve und Meisterkurve einer Nockenformdrehbank (Ludw. Löwe & Co A. G., Berlin NW 87).

lich wie die Schleifscheibe einer Supportschleifeinrichtung in einer an Stelle des Oberschlittens aufgebauten Supportfräseinrichtung eingesetzt ist.

Sondermaschinen für Unrundnachformarbeiten haben daher vielfach Einrichtungen, um die Lage des Schneidmeißels zur Tangente der abzudrehenden Kurve gleich zu erhalten. Ein Beispiel hierfür ist die Nockenformdrehbank (Abb. 22 u. 23).

Diese Drehbank ist als Sondermaschine für das Bearbeiten von Nocken- und Nockenwellen gedacht. Es können gleichzeitig mehrere nebeneinanderliegende Nocken hergestellt werden. Sie besitzt zwei Steuerwellen. Auf der einen sind die Schwenkkurven, auf der anderen die Meisterkurven aufgesetzt. Die Meisterkurve erteilt dem Meißelhaltergehäuse mit Meißelhalter entsprechend der gewünschten Nockenform eine Querbewegung. In dem Meißelhaltergehäuse, das also eine hin- und hergehende Bewegung ausführt, ist der eigentliche Meißelhalter drehbar gelagert. Die Schwenkkurve erzeugt nun eine schwingende Bewegung des Meißelhalters, die auf die Form des Nockens

Abb. 23. Gleichzeitiges Bearbeiten von 8 Nocken (Löwe).

abgestimmt ist, so daß der Winkel zwischen der an den Nocken gelegten Tangente und der Meißelschneide annähernd gleich bleibt.

Ähnlich wie diese Nockenformdrehbank arbeiten auch die für das Abdrehen von Rohstahlblöcken verwendeten *Blockdrehbänke*. Auch bei diesen Maschinen führt der Meißelhalter eine schwingende Bewegung aus.

# III. Mittelbar arbeitende Nachformeinrichtungen (Nachformeinrichtungen mit Verstärker).

Wie schon auf Seite 4 ausgeführt wurde, wird bei den hier zu besprechenden Einrichtungen zwischen dem Taster oder Fühlfinger, der die Schablone oder das nachzuformende Musterstück abtastet, und dem Drehmeißel eine Hilfseinrichtung (Servomotor, Verstärker) eingefügt, die es ermöglichen soll, daß die Tastkraft möglichst klein und feinfühlig ist, unabhängig von der am Drehmeißel auftretenden Schnittkraft. Bei den unmittelbar arbeitenden Nachformeinrichtungen, wie sie im Kap. II beschrieben wurden, ändert sich mit der Schnittkraft auch die Anpreßkraft des Tasters. Infolge elastischer Verformungen aller an der Kraftübertragung vom Taster (Leitschiene, Schablone usw.) bis zum Drehmeißel mitwirkenden Teile leidet daher bei veränderlicher Schnittkraft die Nachformgenauigkeit. Bei den Nachformeinrichtungen mit Verstärker darf somit neben anderen Vorzügen, die später im Abschn. E (Seite 60) zu besprechen sind, auch eine größere Arbeitsgenauigkeit erwartet werden.

## A. Die Steuerung.

**8. Grundsätzliches über Tastgerät und Verstärker.** Das Tastgerät ist auf dem Werkzeugschlitten befestigt, ist also mit dem Schneidmeißel starr verbunden und macht seine sämtlichen Bewegungen mit. Dabei wird der Taster oder Fühlfinger des Tastgerätes mit einer geringen Anpressungskraft an der Schablone oder dem Musterstück entlanggeführt. Er kann sich gegenüber dem Tastgerät leicht bewegen und hat die Aufgabe, ähnlich einem Meßgerät jede Richtungsänderung der Schablonenkante oder der Umrißlinie des Musterstückes feinfühlig zu messen und über den Hilfsmotor oder Verstärker, der z. B. mechanisch, elektrisch oder hydraulisch betrieben sein kann, entweder nur die Anstellung (Zustellung) des Schneidmeißels oder auch seine Anstellung und zugleich seine Vorschubbewegung sinngemäß zu beeinflussen. Diese Beeinflussung wird also solange vor sich gehen, bis der Fühlfinger seine Nullstellung zum Tastgerät wieder eingenommen, d. h. bis der mit dem Tastgerät starr verbundene Drehmeißel die von der Schablone vorgeschriebene Stellung zum Werkstück erreicht hat. Würde z. B. infolge plötzlich größerer Werkstoffzugabe am Werkstück und daher größerer Schnittkraft der Meißel etwas abgedrängt, so wird der Taster ihn sofort um das abgedrängte Maß stärker anstellen, auch umgekehrt!

Es kommt somit darauf an, diese Relativbewegung des Tasters oder Fühlfingers gegenüber dem Tastgerät so früh wie möglich wirksam werden zu lassen.

Für die Aufgabe des Tasters, eine möglichst kleine Weglänge zu messen, kommen grundsätzlich alle physikalischen Methoden in Betracht, mit denen eine Wegänderung feinfühlig gemessen und zur Steuerung einer mit Kraftaufwand verbundenen Bewegung verwendet werden kann. Hierzu gehören: optische, akustische, pneumatische, hydraulische und elektrische Verfahren.

Die Empfindlichkeit eines Tasters wird um so größer sein, je geringer die für die Verschiebung des Fühlstiftes erforderlichen Verstellkräfte sind und je kleiner der vom Fühlstift zurückzulegende Weg ist, bis die Nachformeinrichtung anspricht und der Schneidmeißel die befohlene Richtungsänderung aufnimmt. Aus praktischen und konstruktiven Gründen, im Hinblick auf den rauhen Betrieb in einer Werkstatt, werden nicht alle im Laboratorium bekannten Verfahren für den Abtastvorgang zweckmäßig sein.

**9. Schaltende und regelnde Systeme.** Überblickt man die bisher ausgeführten und in der Zukunft noch möglichen Tastsysteme, so lassen sich zwei Gruppen unterscheiden. Zu der einen sollen alle diejenigen Systeme gerechnet werden, bei denen der Steuerimpuls erst gegeben werden kann, wenn der Taster eine bestimmte vorgegebene Endlage eingenommen hat (Schaltende Systeme).

Die andere Gruppe umfaßt diejenigen Anordnungen, bei denen eine Richtungsänderung an der Schablone einen bestehenden Gleichgewichtszustand stört, der dann für die neue Richtung jeweils neu gebildet wird[1] (Regelnde Systeme).

**a)** Zu den schaltenden Systemen gehören z. B. Taster, die mit elektrischen Kontakten arbeiten. Der Taster ist so gelagert, daß er zwischen mehreren Kontaktgruppen hin- und herpendeln kann. Das Pendeln kann dabei axial sein oder aber auch in mehreren Ebenen erfolgen. Wird der Fühlfinger durch eine Richtungsänderung an der Schablonenkante ausgelenkt, schließen oder öffnen sich elektrische Kontakte, die ein Ein- oder Ausschalten von Plan- bzw. Längsbewegung bewirken. Am Beispiel der Bauart Heyligenstaedt (Abb. 24) sei dieses Kontaktspiel näher erläutert[2].

---

[1] Hier wird also, ähnlich wie beim Regler einer Kraftmaschine, der Erfolg der eingeleiteten Steuerbewegung vom Taster selbst unmittelbar wahrgenommen. Das ist das Kennzeichen eines Regelkreises. — Vgl. dazu: O. Schäfer, Die selbsttätige Regelung. „Die Umschau" 1953, Heft 4, S. 97.

[2] Vgl. „Werkstatt u. Betrieb" 75. Jg. (1942), Heft 2: W. Hölscher, Selbsttätige Nachformdrehbank mit elektrischer Fühlersteuerung.

Die Kontaktpaare $d$ und $f$ des Fühlers sind in Ruhestellung geschlossen. Bei Inbetriebsetzung der Fühlersteuerung erhält das Relais $i$ über das Kontaktpaar $d$ Strom und schaltet die Magnetkupplung $m_1$ für den Vorschub „quer einwärts" ein. Der Werkzeugschlitten mit dem Fühler läuft jetzt auf die Schablone $n$ zu, bis durch die Berührung des Fühlstiftes $a_1$ die Fühlerspindel $a$ ausgelenkt wird und die Kontakte $d$ öffnet. Hierdurch wird über das Relais $i$ die Magnet-Kupplung $m_1$ für die Vorschubbewegung „quer einwärts" aus und die Kupplung $m_3$ für den Vorschub „längs" eingeschaltet. Die Richtung des Längsvorschubes wird dabei mit einem Schalter gewählt. Verstärkt sich der Druck auf den Fühlstift (zum Beispiel durch Anlaufen gegen die Schräge $o$), werden durch den weiteren Ausschlag der Fühlerspindel $a$ die Kontakte $e$ geschlossen und damit über das Relais $l$ die Kupplung $m_2$ für den Vorschub „quer auswärts" eingeschaltet. Die Längsvorschub-

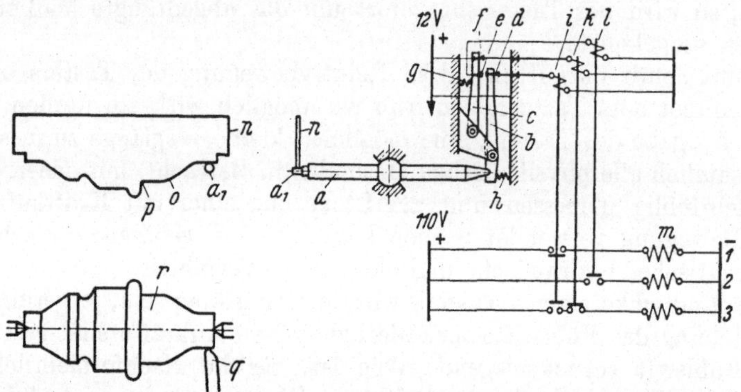

Abb. 24   Schematische Darstellung einer elektrischen Fühlersteuerung (Heyligenstaedt & Co., Gießen, — elektr. Teil: SSW). $a$ Fühlhebel mit Fühlstift $a_1$; $b$ u. $c$ Kontakthebel; $d$, $e$ u. $f$ Kontaktpaare; $i$, $k$ u. $l$ Hilfsrelais; $m$ Magnetkupplungen (1 quer einwärts, 2 quer auswärts, 3 längs); $n$ Schablone; $o$ u. $p$ Beispiele für den Weg des Fühlstiftes $a_1$ auf der Schablone; $q$ Drehstahl; $r$ Werkstück.

bewegung bleibt, so daß bei entsprechender Anpassung der (durch Gleichstrommotore) stufenlos einstellbaren Vorschubgrößen die Schräge ununterbrochen abgetastet werden kann. Verstärkt sich der Fühlerdruck weiter durch Anlaufen des Stiftes gegen den Ansatz $p$, öffnen sich die Kontakte $f$. Die Kupplung $m_3$ für den Längsvorschub wird damit über das Relais $k$ ausgeschaltet. Der Fühler steuert jetzt nur noch die Vorschubbewegung „quer auswärts". Bei Nachlassen des Fühlerdruckes werden der abzutastenden Form entsprechend die Vorschubbewegungen in der gleichen Weise wieder eingeschaltet.

Die Anordnung der Kontakte ist allgemein so getroffen, daß für das Längsnachformen zunächst nur die Kontakte für die Querbewegung geschaltet werden. Die Steuerung der Querbewegung reicht etwa bis zu einem Winkel $\alpha = 60°$. Wird $\alpha$ größer, treten die Kontakte für die Steuerung der Längsbewegung in Tätigkeit.

Es leuchtet ein, daß die Güte des Nachformverfahrens weitgehend von der Anzahl der in der Zeiteinheit möglichen Schaltungen abhängt, sowie von dem Abstand zwischen arbeiten Kontakten, d. h. von dem Zeitaufwand, der für die Auslösung einer Schaltung notwendig ist. Je feiner die Kontaktabstände und je größer die Anzahl der möglichen Schaltungen, desto mehr wird sich die aus senkrechten, schrägen und waagerechten Elementen zusammengesetzte treppenförmige Bewegung des Schneidmeißels einer stetigen Kurve nähern.

Um die Stromstärke am Taster und damit den Kontaktabbrand möglichst klein zu halten, werden die Schaltströme bei einigen Einrichtungen durch Relais oder auch Elektronenröhren verstärkt, so bei der Bauart Heidenreich & Harbeck (Abb. 25 u. 26).

Eine Reihe von Ausführungen verwendet einen *hydraulischen* Verstärker. Ähnlich wie bei den mittelbaren Regeleinrichtungen[1], z. B. der Wasserturbinen mit ihren großen Verstellkräften, kommen dafür zwei Bauarten in Betracht: „Steuerstromverstärker mit aussetzender Regelung" und zweitens „Dauerstromverstärker mit Drosselregelung".

*Nachformeinrichtungen mit Steuerstrom-Verstärker* sind zu den „schaltenden Systemen" zu rechnen, sofern der

Abb. 25. Elektrischer Taster der VDF-Einheitsdrehbank „Unicop" (Vereinigte Drehbank-Fabriken, Heidenreich & Harbeck, Hamburg).

Abb. 26. Elektronenröhrenverstärker zum elektrischen Taster Abb. 25.

Steuerschieber eine Ruhestellung besitzt, in der der Ölstrom abgesperrt ist und der Arbeitskolben stillsteht (Abb. 27).

Diese Anordnung ähnelt der Schiebersteuerung einer Dampfmaschine. Beim Bearbeiten eines zylindrischen Körpers, also einer Bewegung des Tasters parallel zur Drehbankachse, befindet sich der Steuerschieber in seiner Nullstellung. Zu- und Abfluß des Öles sind geschlossen. Ändert sich die Form der Schablone, wird der Steuerschieber derart verstellt, daß der Ölzufluß in die eine Seite des Zylinders und gleichzeitig der Abfluß von der anderen Seite freigelegt werden. An der Steuerung der Druckverhältnisse sind also mindestens 4 Steuerkanten beteiligt (Vierkantensteuerung). Damit dieses Tastgerät feinfühlig anspricht, sind an die Herstellungsgenauigkeit der Steuerung besonders hohe Anforderungen zu stellen. Trotzdem läßt es sich grundsätzlich nicht vermeiden,

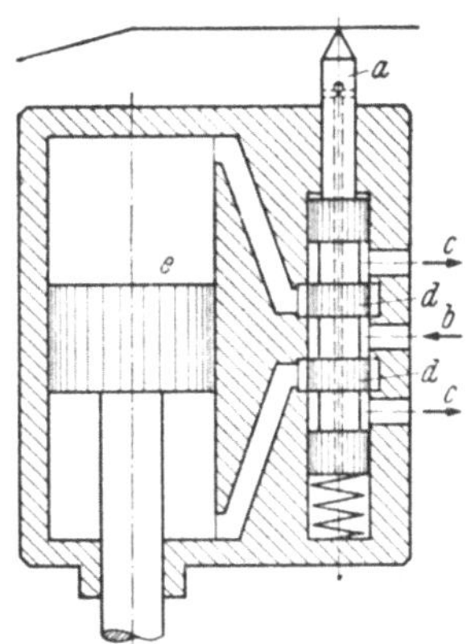

Abb. 27. Schema einer hydraulischen Nachformsteuerung mit 4 Steuerkanten (4-Kantensystem). *a* Taststift; *b* Drucköleintritt; *c* Ölabfluß; *d* Steuerschieber; *e* Arbeitszylinder mit Arbeitskolben.

---

[1] Vgl. Hütte II. Bd., Abschn. „Mechanische Verstärker für mittelbare Regelung". — Dort heißt es: *Dauerstrom*-Verstärker, fast reibungslos und darum sehr feinfühlig, brauchen mehr Betriebsstoff (Wasser, Öl, Luft, Dampf), der dauernd durch das Drosselorgan strömt. Bei *Steuerstrom*-Verstärkern wird der Betriebsstoff nur bei jeder Verstellung benötigt, so daß der Betriebsstoffverbrauch gering ist, dabei ist die Reibung der Steuerorgane meist wesentlich stärker.

daß die Bewegung des Schneidmeißels bei diesem System treppenförmig ist, mit Ausnahme der reinen Längs- oder Planbewegung und jener, die sich bei gleichzeitigem Arbeiten des Längs- und Planvorschubes ergibt. Weicht die Schablone von diesen drei Richtungen über den Bereich der Nachformgenauigkeit ab, also z. B. schon um 5/100 mm, wird der Taster ansprechen und das Schaltorgan zwischen seinen Endlagen hin- und herpendeln.

b) Bei den regelnden Systemen gibt es keine ausgezeichneten Endlagen für das Wirksamwerden eines Steuerimpulses. Es besteht vielmehr ein Gleichgewichtszustand, der durch eine Auslenkung des Fühlfingers stufenlos solange geändert wird, bis sich ein neues Gleichgewicht eingespielt hat.

Man denke z. B. an einen Fühlfinger, der eine Zunge betätigt, die zwischen zwei Induktionsspulen schwingen kann. Die Induktivität dieser Spulen wird bei Lage-

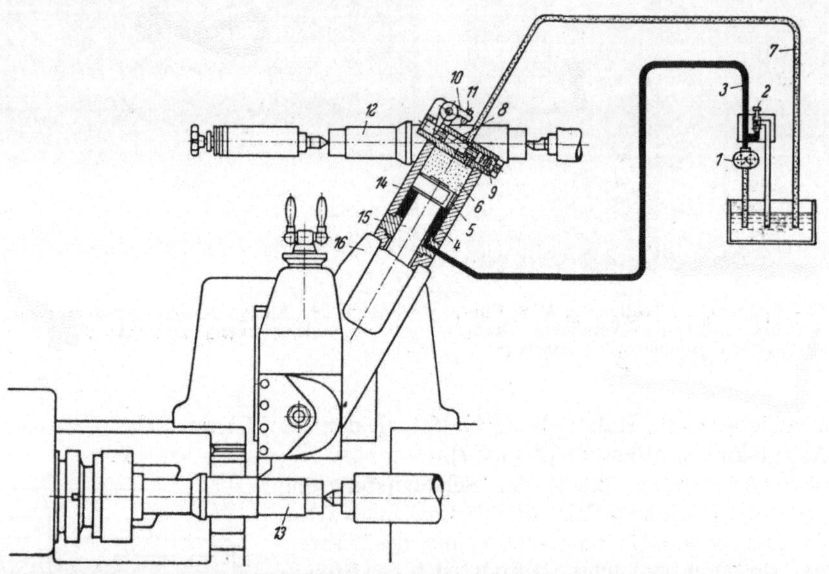

Abb. 28. Hydraulische Nachformeinrichtung mit einer Steuerkante (Schaerer). 1 Pumpe für das Drucköl; 2 Überdruckventil (rd. 22 atü); 3 Druckleitung; 4 Drucköl zum Abwärtsnachformen; 5 Arbeitskolben mit Bohrung für Öldurchfluß; 6 Drucköl zum Aufwärtsnachformen; 7 Ölrücklauf; 8 Drosselventil, Steuerkolben; 9 Druckfeder zur Fühleranlage; 10 Fühlerhebel; 11 Fühler; 12 Musterwelle bzw. Schablone; 13 Werkstück; 14 Nachformzylinder, fest mit 16 verbunden; 15 Kolbenstange, fest mit Bettschlitten verbunden; 16 Nachformschlitten mit einstellbarem Stahlhalter.

veränderung der Zunge stufenlos geändert und könnte für die Einstellung des Plan- und Längsvorschubes verwendet werden.

Auf hydraulischem Gebiet gehören in diese Gruppe die *Nachformeinrichtungen mit Dauerstromverstärker*, die einen Steuerschieber mit Einkantensteuerung besitzen (Abb. 28). Das Öl fließt dauernd durch den Arbeitszylinder und eine Bohrung im Kolben. Zwischen dem dauernd geöffneten, vom Fühlfinger gegen Federdruck gehaltenen Steuerventil (Drosselventil) und der Bohrung besteht ein solches Querschnittsverhältnis, daß der Arbeitskolben bei einer bestimmten Stellung des Ventils stillsteht. Wird der Querschnitt am Steuerventil durch den Fühlfinger vergrößert oder verkleinert, ist das Gleichgewicht zwischen den beiden Seiten des Arbeitskolbens gestört. Der Kolben bewegt sich entsprechend nach der einen oder anderen Richtung. Wenn z. B. eine Kurve mit konstanter Krümmung abgetastet wird, bildet sich eine gleichförmige Geschwindigkeit des Arbeitskolbens heraus, die einem neuen Gleichgewicht zwischen dem Öffnungsquerschnitt am Steuerventil und der Bohrung im Arbeitskolben entspricht.

Einen Übergang von den schaltenden zu den regelnden Systemen stellt der Lufttaster der Firma Monarch dar (Abb. 29). Der Steuerschieber für die Hydraulik steht mit einer Faltenmembrane in Verbindung. Auf die Faltenmembrane wirkt einerseits ein bestimmter Luftdruck, andererseits eine Feder. Luft- und Federdruck sind so abgestimmt, daß bei einer Bewegung parallel zur Drehbankachse die Öldurchlässe geschlossen und somit der Hydraulikschieber in Ruhe ist.

Das mit Druckluft gefüllte Leitungssystem besitzt nun einen dauernd offenen Auslaß, dessen Querschnitt von dem Taster geändert werden kann. Vergrößert sich der Durchmesser des zu bearbeitenden Werkstückes, wird dieser Auslaß vom Taster weiter geöffnet, der Luftdruck in der Steuerleitung fällt. Verringert sich der Durchmesser, so wird der Querschnitt entsprechend vermindert, der Luftdruck steigt. Der Ölsteuerschieber verstellt sich sinngemäß und damit der Nachformschlitten. Das Einschalten des Druckluftsystems bewirkt eine Vergrößerung der am Taster vorhandenen Steuerkräfte auf das Hundertfache. Die Steuerkräfte am Taster sind somit klein und die Anordnung ist sehr feinfühlig. Während der hydraulische Teil zu den Schaltsystemen gehört, ist die pneumatische Abtastung ein Regelvorgang.

Sowohl bei den schaltenden als auch bei den regelnden Systemen werden die Bewegungen in der Praxis durch Massenkräfte, Reibungen, Undichtigkeiten bei hydraulischen Systemen, Kontaktlichtbögen u. a. m. beeinflußt. Bei den schaltenden Systemen setzen die Steuerbewegungen daher nicht schlagartig ein, und die Kurven verlaufen nicht scharfkantig. Bei den regelnden Tastsystemen wird die Bewegungsänderung des Schneidmeißels ebenfalls nicht in demselben Augenblick einsetzen wie die des Fühlfingers.

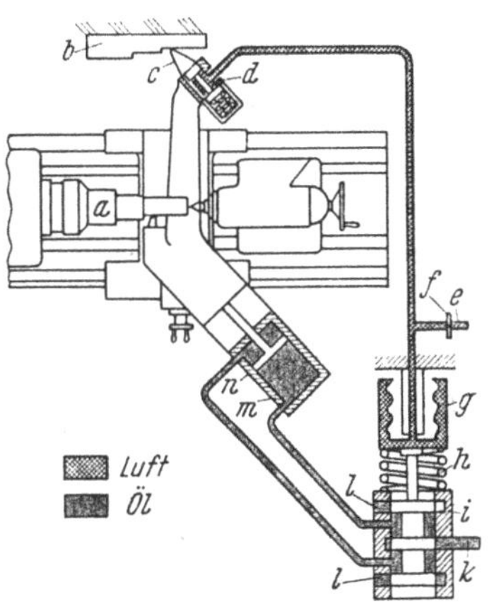


Abb. 29. Pneumatisch-hydraulischer Taster (The Monarch Machine Tool Company, Sidney, Ohio). *a* Werkstück; *b* Schablone; *c* Taster; *d* Luftsteuerventil (Drossel); *e* Luftzutritt; *f* Blende; *g* Faltenmembran; *h* Feder; *i* Öl-Steuerschieber; *k* Drucköleintritt; *l* Ölablauf; *m* Arbeitszylinder; *n* Arbeitskolben.

Auch hier wird nach einmal eingeleiteter Richtungsänderung das System über das Ziel hinausschießen und wieder zurück pendeln müssen. Der tatsächliche Weg des Schneidmeißels, der bei den schaltenden Tastsystemen mehr oder weniger treppenförmig ist, hat jedoch bei den regelnden Tastsystemen eher den Charakter einer wellenförmigen gedämpften Schwingung. Der Nachformschlitten wird hier nach einer Richtungsänderung in die neue Richtung einpendeln, bei konstanter Krümmung der Umrißlinie wird er auf einer Parallelen zu der Umrißlinie fahren.

**10. Geometrische und kinematische Grundlagen.** In bezug auf die Steuersysteme lassen sich grundsätzlich zwei Typen von Nachformeinrichtungen unterscheiden. Bei der einen Gruppe wird nur die Bewegung des Planschlittens von dem Tastgerät gesteuert, während der Längsvorschub in gewohnter Weise von der Zugspindel erzeugt und während des Nachformens *nicht* geändert wird. Bei der anderen Gruppe steht auch der Längsvorschub unter dem Einfluß des Nachformtasters.

**a) Steuerung des Planvorschubes allein.** In Abb. 30 ist der Nachformvorgang schematisch dargestellt. Linie *A* (strichpunktiert) stellt die Umrißlinie der

Schablone, Linie $B$ die Bewegung der Schneidmeißelspitze dar. (Der Schneidmeißel bewegt sich in Wirklichkeit natürlich am Werkstück, in einem gewissen Abstand von der Schablone.)

$\alpha$ ist bereits bekannt. Der Winkel zwischen Bewegungsrichtung des Nachformschlittens und der Senkrechten zur Drehbankachse sei $\beta$. Der Winkel zwischen Bewegungsrichtung des Fühlstiftes und der Senkrechten sei $\gamma$.

Wenn sich der Fühlstift infolge einer Krümmungsänderung der Schablone bewegt, wird er nicht sofort eine Bewegung des Schneidmeißels auslösen, sondern zunächst einen bestimmten Weg „a" (das Toleranzfeld) durchlaufen, bis eine Wirkung erfolgt. Das Toleranzfeld ergibt sich zwangsläufig aus den Herstellungstoleranzen der einzelnen Teile. Es wird durch zwei Parallelen zu $A$ im Abstande $a$ (in Bewegungsrichtung des Fühlstiftes gemessen) dargestellt.

Hat der Taststift nun den Anstoß zur Bewegung des Querschlittens gegeben (z. B. durch Öffnen des Steuerschiebers eines Servomoters), wird noch eine bestimmte Zeit $t_1$ verstreichen, bis der Schneidmeißel tatsächlich diese Bewegung ausführt. Diese Zeit ist notwendig, um die Massenträgheit aller an der Bewegung teilnehmenden Glieder zu überwinden. Ebenso wird von dem Augenblick, in dem der Taster den Anstoß zur Beendigung der Meißelbewegung gibt, bis zum Stillstand des Schlittens eine Zeit $t_2$ ablaufen müssen.

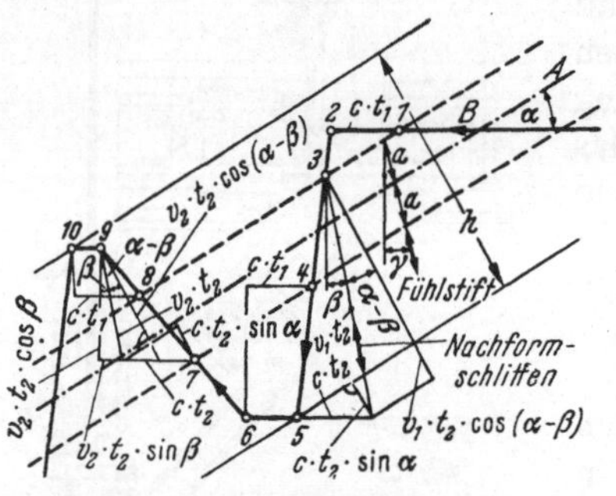


Abb. 30. Schematische Darstellung des Nachformvorganges bei Steuerung des Planvorschubes.

Die parallel zur Drehbankachse gerichtete Geschwindigkeit des Bettschlittens $c$ kann für die vorliegende Untersuchung als gleichbleibend angesehen werden.

Die Geschwindigkeit $v$ des Nachformschlittens ist veränderlich, da der Schieber ja aus dem Stillstand auf eine Höchstgeschwindigkeit beschleunigt bzw. aus dieser auf 0 verzögert werden muß. Im folgenden wird jedoch mit einer gleichbleibenden mittleren Geschwindigkeit gerechnet, da diese Vereinfachung für den Zweck der vorliegenden Betrachtung zulässig erscheint. $v_1$ sei die von der Drehachse fortgerichtete, $v_2$ die auf diese hinzielende Geschwindigkeit. Die Höhe des durch das Nachformen entstehenden Oberflächengebirges sei mit „h" bezeichnet.

Schneidmeißel und Tasterstift bewegen sich zunächst parallel zur Drehbankachse. Bei Beginn einer Krümmung wird nun der durch Federdruck gegen die Schablone gepreßte Fühlstift zurückgedrückt. Ist er um das Maß „a" verschoben (Punkt 1, Abb. 30), wird ein Impuls zum Rückzug des Nachformschiebers gegeben. Es verstreicht aber noch die Zeit $t_1$, bis die Bewegung einsetzt (Punkt 2). In dieser Zeit hat die Meißelspitze die Strecke $c \cdot t_1$ zurückgelegt.

Aus der geometrischen Addition von $v_1$ und $c$ ergibt sich die Bewegungsrichtung der Meißelspitze. In Punkt 3 tritt der Fühlstift in das Toleranzfeld zurück. Der Bewegungsimpuls hört damit auf. Es vergeht jedoch noch die Zeit $t_2$, bis der Querschieber zum Stillstand kommt. Inzwischen hat die Meißelspitze Punkt 5 erreicht. Der Taster wurde dabei soweit zurückgezogen, daß er nunmehr im Punkt 4 einen Impuls für die Vorwärtsbewegung des Meißels geben konnte, die dann im Punkt 6 einsetzt.

Punkt 7 bezeichnet die Beendigung dieses Impulses, so daß die Vorwärtsbewegung im Punkt 9 aufhört. Bei Punkt 8 wird eine erneute, im Punkt 10 einsetzende

Rückzugsbewegung ausgelöst. Punkt 8 entspricht also dem Punkt 1. Das Spiel beginnt damit von vorne.

Das auf diese Weise entstehende Oberflächengebirge ist in Wirklichkeit wegen der Schneidenabrundung natürlich nicht so scharfkantig.

Werden für $t_1/t_2$ und $c/v$ andere Verhältnisse als gezeichnet gewählt, ergeben sich etwas andere, aber ähnliche Formen des Oberflächengebirges.

Seine Höhe $h$ läßt sich aus Abb. 30 errechnen. Es ist

$$h = v_1 t_2 \cos(\alpha - \beta) + v_2 t_2 \cos \alpha \cos \beta + c \sin \alpha (t_1 - t_2)$$

$$- \frac{2a \cos(\alpha - \gamma) v_2 \cos \alpha \cos \beta}{c \sin \alpha + v_2 \cos(\alpha - \beta)} \, . \tag{11}$$

$h$ ist demnach abhängig von den Maschinenkonstanten $\beta$, $\gamma$, $t_1$, $t_2$ und $a$, von den einstellbaren Geschwindigkeiten $v$ und $c$ und von dem Neigungswinkel an der Schablone $\alpha$. Setzt man $v_2$ gleich 0, d. h. wählt man $c$ und $v$ so, daß der Nachformschlitten sich immer nur in einer Richtung bewegt, was betrieblich auch am günstigsten wäre (Abb. 31), geht Gleichung (11) über in

$$h = v_1 t_2 \cos(\alpha - \beta) + c \sin \alpha (t_1 - t_2). \tag{12}$$

$h$ erreicht ein Minimum, wenn

$$v_1 t_2 \cos(\alpha - \beta) = a \cos(\alpha - \gamma) + c t_2 \sin \alpha \tag{13}$$

wird, wobei vorausgesetzt ist, daß das Ober-

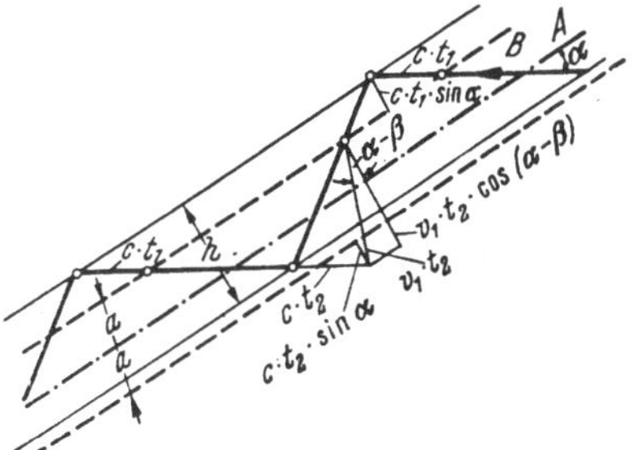

Abb. 31. Verhältnisse gem. Gleichung 12.

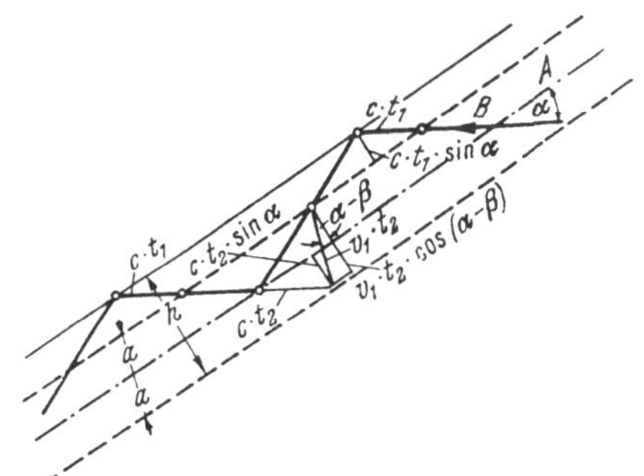

Abb. 32. Verhältnisse gem. Gleichung 13.

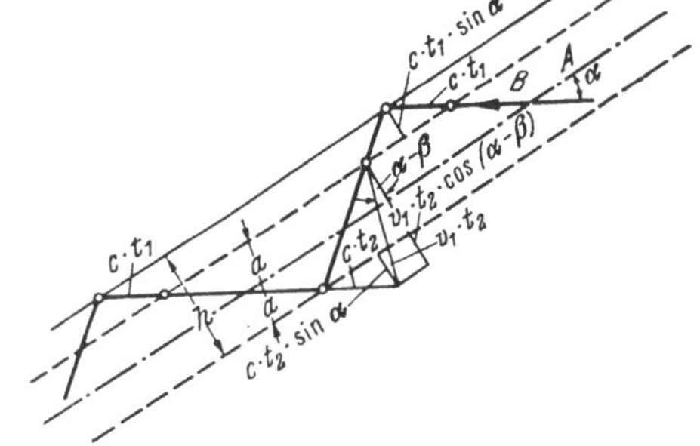

Abb. 33. Verhältnisse gem. Gleichung 15.

flächengebirge die Nachformlinie noch berühren soll (Abb. 32). Damit ist

$$v_1 = \frac{a \cos(\alpha - \gamma)}{t_2 \cos(\alpha - \beta)} + \frac{c \sin \alpha}{\cos(\alpha - \beta)} \, . \tag{14}$$

Der Größtwert für $h$ unter der Voraussetzung, daß nur $v_1$ arbeitet, liegt dann vor, wenn die Situation nach Abb. 33 erreicht wird. Es ist dann

$$v_1 = \frac{2a}{t_2} \frac{\cos(\alpha - \gamma)}{\cos(\alpha - \beta)} + \frac{c \sin \alpha}{\cos(\alpha - \beta)} \, . \tag{15}$$

Wird $h$ größer, tritt auch $v_2$ in Tätigkeit, so daß sich wieder die Verhältnisse nach Abb. 30 ergeben.

Die praktische Bedeutung dieser Formel sei an einer Nachformeinrichtung gezeigt, deren Nachformschlitten und Taster sich senkrecht zur Drehbankachse bewegen ($\beta = 0$; $\gamma = 0$).

Werden die Gleichungen (14) und (15) durch $c$ dividiert, ergibt sich dann

$$\frac{v_1}{c} = \frac{a}{c\,t_2} + \operatorname{tg}\alpha \tag{16}$$

$$\frac{v_1}{c} = \frac{2\,a}{c\,t_2} + \operatorname{tg}\alpha. \tag{17}$$

Ist $v/c = \operatorname{tg}\alpha$, bewegt sich der Drehmeißel parallel zur Schablonenkante. Wird $v/c < \operatorname{tg}\alpha$, kann der Drehmeißel der Schablone nicht mehr folgen, da $v$ zu klein bzw. $\alpha$ zu groß geworden ist.

$$\text{Für } \frac{v}{c} = \operatorname{tg}\alpha \text{ wird } \frac{a}{c\,t_2} = 0 \text{ und } t_2 = \infty. \tag{18}$$

In Abb. 34 sind die Gl. (16, 17, 18) graphisch dargestellt. Danach begrenzt Gl. (18) die Nachformmöglichkeit absolut. Die Kurven 17 und 18 schließen das Feld ein, in dem der Drehmeißel Bewegungen gemäß Abb. 31 bis 33 ausführt. Wird Kurve 17 überschritten, ergeben sich Meißelbewegungen nach Abb. 30.

Um in jedem Fall den Kleinstwert für $h$ zu erhalten, müßte also $v/c$ von $\alpha$ abhängig sein, d. h. ein besonderer, von der Schablone gesteuerter Regler müßte die Planschlittenbewegung $v$ steuern, da die Vorschubgeschwindigkeit $c$ von Faktoren bestimmt wird, die nicht unmittelbar mit dem Nachformvorgang zusammenhängen (Oberflächengüte, Werkstoff).

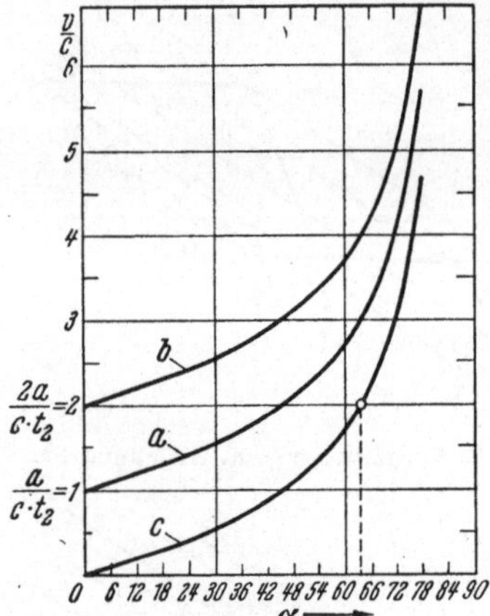

Abb. 34. Graphische Darstellung der Gleichungen 16 (Linie $a$), 17 (Linie $b$) und 18 (Linie $c$).

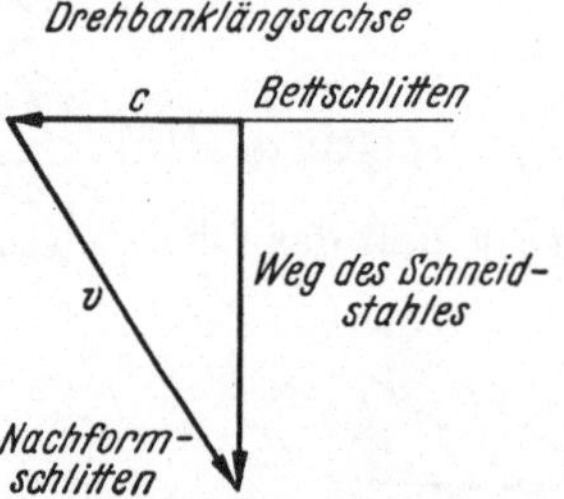


Abb. 35. Planbewegung bei schrägstehendem Nachformschieber.

Die bisher gebauten Nachformeinrichtungen besitzen nicht eine derartige Regelung. Es wird daher zweckmäßig sein, $v/c$ etwa $= 2\,a/c\,t_2$ zu machen.

Wie Abb. 34 zeigt, würde die Nachformmöglichkeit dann erst bei dem Wert $\operatorname{tg}\alpha = 2\,a/c\,t_2$ aufhören. Das ist auf Grund praktischer Erfahrungen etwa der Fall für $\alpha = 60\cdots70°$ (in Abb. 34 ungefähr 63°). Eine Regelung von $v$ in Abhängigkeit von $\alpha$ ist also nicht unbedingt notwendig. Wie Abb. 34 zeigt, verschlechtern sich die Nachformmöglichkeiten sehr schnell, wenn man über $60\cdots70°$ hinauskommt.

Sollen größere Winkel $\alpha$ nachgeformt werden, insbesondere senkrechte Absätze ($\alpha = 90°$), stehen zwei Wege zur Verfügung. Entweder wird der Nachformschlitten schräg gestellt ($\beta \neq 0$) oder $c$ wird ebenfalls von dem Taster gesteuert.

Bei schrägstehendem Nachformschlitten wird die Bewegung von dem Taster so gesteuert, daß sich die Meißelspitze durch die geometrische Addition von $v$ und dem gleichbleibenden Längsvorschub $c$ in Planrichtung bewegt (Abb. 35).

Bei Schrägstellung wird die Höhe des Oberflächengebirges $h$ für senkrechte Absätze ($\alpha = 90°$) $h = v_1\,t_2 \sin\beta + c\,(t_1 - t_2)$; $v_1 \sin\beta$ ist dann $= c$;   damit wird

$$h = c\,t_1. \tag{19}$$

Die vorstehenden Formeln geben einige Hinweise über die Höhe des beim Nachformdrehen entstehenden Oberflächengebirges. Die Güte der Oberfläche ist weiter abhängig von der Größe des Vorschubes. Zur Bestimmung dieser Größe müssen die Zusammenhänge zwischen den einzelnen Geschwindigkeiten betrachtet werden.

Die Geschwindigkeit an der Umrißlinie des Werkstückes, also die wirkliche Vorschubgeschwindigkeit des Schneidstahles sei $u$ (mm/min), der Vorschub selbst $s_u = u/n$ in mm je Umdrehung des Werkstückes (Abb. 36). Es gilt dann

$$\frac{v}{u} = \frac{\sin \alpha}{\cos \beta}, \qquad v = u\,\frac{\sin \alpha}{\cos \beta} \tag{20}$$

$$\frac{u}{c} = \frac{\sin (90 - \beta)}{\sin (90 - \alpha + \beta)} = \frac{\cos \beta}{\cos (\alpha - \beta)}$$

$$u = \frac{c}{\cos \alpha + \sin \alpha \, \mathrm{tg}\, \beta} \tag{21}$$

$$v = \frac{\sin \alpha}{\cos \beta} \cdot \frac{c}{\cos \alpha + \sin \alpha \, \mathrm{tg}\, \beta} = \frac{c}{\cos \beta \, \mathrm{ctg}\, \alpha + \sin \beta} \tag{22}$$

$$u = n\,s_u = \frac{n\,s}{\cos \alpha + \sin \alpha \, \mathrm{tg}\, \beta}$$

$$s_u = \frac{s}{\cos \alpha + \sin \alpha \, \mathrm{tg}\, \beta} \cdot \tag{23}$$

Die Geschwindigkeit $v$ des Nachformschlittens [Gl. (22)] ist abhängig von $c$ und den Winkeln $\alpha$ und $\beta$. Da $c$ und $\beta$ konstant sind, ist also

$$v = f(\alpha).$$

Die Funktion verläuft aufsteigend, mit dem Wert 0 für $\alpha = 0°$ beginnend (Abb. 39).

Für $\alpha = 90°$, also senkrechte Schultern, wird

$$v = \frac{c}{\sin \beta} \quad \text{und} \quad u = c\,\mathrm{ctg}\,\beta.$$

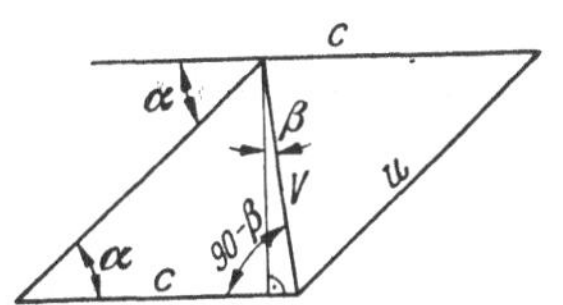


Abb. 36. Zur Berechnung der Vorschubgeschwindigkeiten bei schrägstehendem Nachformschieber.

Nun ist für $v$ durch die Konstruktion des Nachformschiebers, den Öldruck usw., eine Höchstgeschwindigkeit $v_{\max}$ gegeben, auf die beim Drehen Rücksicht zu nehmen ist. Der Dreher muß also den Längsvorschub entsprechend dem Maximalwert für $v$ und den nachzuformenden Winkeln einstellen.

$$c = v_{\max} (\cos \beta \, \mathrm{ctg}\, \alpha + \sin \beta). \tag{24}$$

Der Längsvorschub $c$ darf also die durch Gl. (24) gegebenen Werte nicht überschreiten.

Der Vorschub $s_u$ am Umriß des Werkstückes ist bei einem an der Drehbank eingestellten festen Wert $s$, wie Gl. (23) zeigt, nur von dem Winkel $\alpha$ abhängig, da $\beta$ konstant ist.

Von dem Wert $s_u = s$ für $\alpha = 0°$ erreicht $s_u$ über $s_u = s/\mathrm{tg}\,\beta$ an der Stelle $\alpha = 90°$ den Wert $s_u = \infty$ für $\alpha = 90 + \beta$.

Beim Drehen von Umrißlinien mit größeren Werten als $\alpha = 90°$ steigt der Vorschub rasch an. Hierauf muß durch eine entsprechende Wahl des Längsvorschubes Rücksicht genommen werden.

Die Zusammenhänge werden deutlich durch Aufzeichnen der Geschwindigkeitsdreiecke und Funktionen

$$c = f(\alpha) \quad \text{für} \quad v = v_{\max} \quad \text{(Abb. 37)}$$

$$s_u = f(\alpha) \quad \text{für} \quad s = \text{konstant} \quad \text{(Abb. 38)}$$

$$v = f(\alpha) \quad \text{für} \quad c = \text{konstant} \quad \text{(Abb. 39).}$$

Da $v_{\text{max}}$ eine in jedem Fall feststehende, nicht überschreitbare Grenze darstellt, interessiert in der Werkstatt eigentlich nur die Frage nach dem zulässigen größten

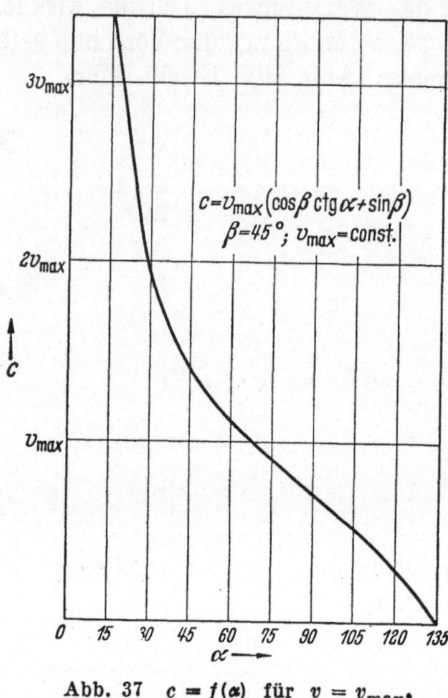


Abb. 37   $c = f(\alpha)$ für $v = v_{\text{max}}$.

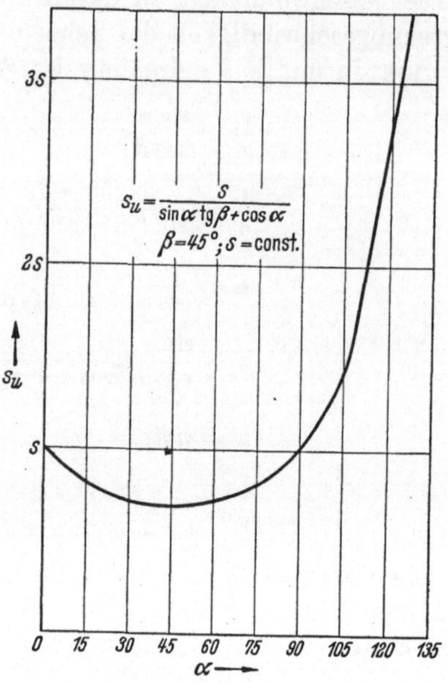


Abb. 38.   $s_u = f(\alpha)$ für $s = \text{konstant.}$

Längsvorschub bei gegebenen $\alpha$ und $\beta$, also die Auflösung der Gl. (24)

$$c = v_{\text{max}}\,(\cos\beta\,\text{ctg}\,\alpha + \sin\beta)\qquad\text{(Abb. 37).}$$

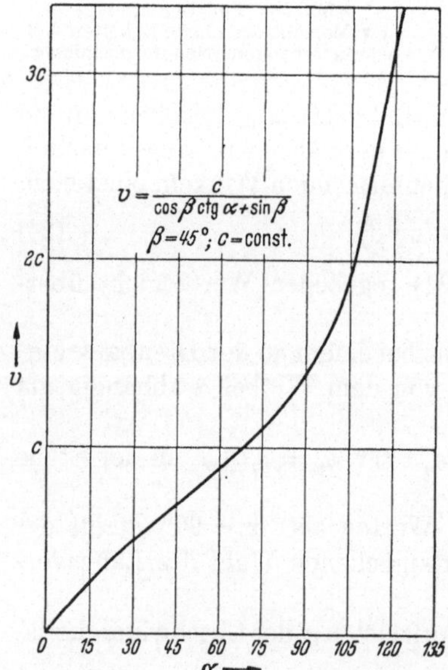


Abb. 39.   $v = f(\alpha)$ für $c = \text{konstant.}$

Wird das Verhältnis $v/c$ als Funktion von $\alpha$ und $\beta$ graphisch aufgetragen, ergibt sich eine Kurvenschar mit dem Parameter $\beta$, die den für eine bestimmte Neigung der Umrißlinie noch zulässigen Längsvorschub $c$ als Vielfaches der maximalen Nachformschlittengeschwindigkeit abzulesen gestattet.

Viele Konstruktionen gestatten eine Veränderung von $\beta$, weil sich bei diesen der Nachformschlitten, um einen Mittelpunkt drehbar, in verschiedenen Richtungen auf dem Unterschlitten aufschrauben läßt.

Die Anordnung des Nachformschlittens schräg zur Drehbankachse hat den Vorteil, daß alle mit dem Nachformen zusammenhängenden Einrichtungen konstruktiv so zusammengefaßt sind, daß sie eine von der Drehbank unabhängige Zusatzeinrichtung bilden, die nach Belieben an die Maschine angebaut werden kann.

b) Steuerung des Planvorschubes und Längsvorschubes. Beim senkrecht arbeitenden Nachformschlitten ($\beta = 0$), muß der Längsvorschub $c$ von einem zweiten Toleranzfeld, das im Abstand $b$ von dem Toleranzfeld für den Planschieber liegt, gesteuert werden (Abb. 40); d. h. also, wenn die Bewegung der Meißelspitze nicht mehr zu der Umrißlinie der Schablone hin gerichtet ist, muß der Taster einen weiteren Impuls auslösen, der den Längsvorschub stillsetzt.

Bezeichnet man gemäß Abb. 40 die Zeit zur Auslösung des Stillsetzens von $c$ mit $t_3$ und die für das Wiederingangsetzen mit $t_4$, ergeben sich Meißelbewegungen wie z. B. in Abb. 40 dargestellt. Die Bewegungsformen sind naturgemäß abhängig von dem Verhältnis der Zeiten $t_1$, $t_2$, $t_3$ und $t_4$ zueinander. Vorausgesetzt wird hierbei, daß der Längsvorschub nur dann unterbrochen werden soll, wenn das Nachformen mit dem Planzug allein nicht ausreicht. In diesem Fall erhält man die beste Oberfläche, wenn $x = c \cdot t_1$ gemacht wird, wobei $x = b\left(\sin \gamma + \dfrac{\cos \gamma}{\operatorname{tg} \alpha}\right) = b\,\dfrac{\cos (\gamma - \alpha)}{\sin \alpha}$ ist.

Selbstverständlich kann $b$ auch kleinere Werte annehmen. Der Längsvorschub würde dann auch unterbrochen, wenn die Regelung des Planvorschubes allein zum Nachformen ausreicht. Die Höhe des entstehenden Oberflächengebirges ließe sich damit weiter verkleinern und somit die Oberflächengüte noch mehr steigern.

Die Vorschubgeschwindigkeit ist in diesem Fall

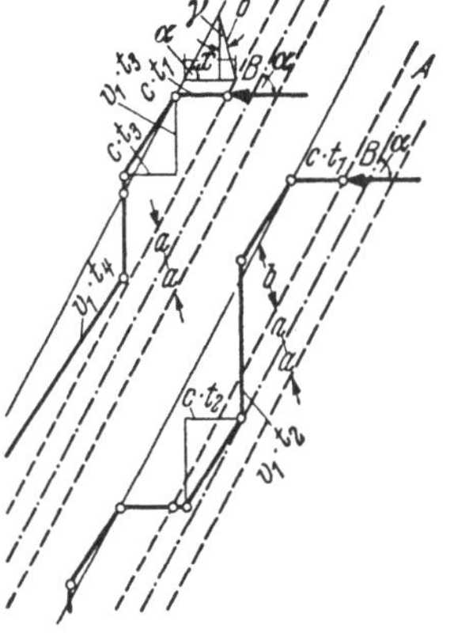


Abb. 40. Schematische Darstellung des Nachformvorganges bei Steuerung von Quer- und Längsvorschub.

$$u = \frac{c}{\cos \alpha}, \qquad (25)$$

wenn $c$ dauernd, $v$ aber nur zeitweise eingeschaltet ist. Wird $\alpha$ so groß, daß $u = \sqrt{c^2 + v^2}$ wird, laufen Längs- und Planvorschub dauernd.

Wird $u > \sqrt{c^2 + v^2}$, kehren sich die Verhältnisse um. Es ist jetzt der Planvorschub dauernd eingeschaltet, während der Längsvorschub von dem Taster gesteuert wird.

Es ist dann

$$u = \frac{v}{\sin \alpha}. \qquad (26)$$

Im Umkehrpunkt muß $c/\cos \alpha = u = v/\sin \alpha$ sein. Der Umschlag findet also statt an der Stelle $v/c = \operatorname{tg} \alpha$. Die Vorschubgeschwindigkeit steigt demnach von dem Wert $u = c$ bis zu einem Maximum $u = \sqrt{c^2 + v^2}$, um dann auf den Wert $u = v$ für $\alpha = 90°$ abzufallen.

Bei einem Vergleich der schaltenden mit den regelnden Systemen ist noch zu beachten, daß die elektrischen Schaltsysteme mit annähernd gleichbleibenden Geschwindigkeiten arbeiten, die entweder durch besondere Vorschubmotoren erzeugt oder von dem Arbeitsspindelantrieb abgeleitet werden. Bei den hydraulischen Schaltsystemen und auch bei den Regelsystemen ist die Vorschubbewegung von der Auslenkung des Tasters abhängig. Es entstehen infolgedessen veränderliche Vorschubgeschwindigkeiten. (Über die Genauigkeit des Tastsystems s. Abschn. 19, S. 61.)

## B. Die Schneidmeißelbewegung.

**11. Systematik der Antriebsverfahren.** Der Schneidmeißel wird von einem Schlitten getragen, der sich senkrecht oder schräg zur Drehbankachse bewegt (Nachformschlitten). Vielfach sitzt das Werkzeug nicht unmittelbar auf diesem Schlitten, sondern auf einem Zwischenschieber, so daß eine Feineinstellung unabhängig vom Nachformschlitten möglich ist. Der Nachformschlitten gleitet nun auf dem Bettschlitten, der sich nur in Richtung der Drehbanklängsachse bewegen kann. Aus der Zusammensetzung der Längs- und Planvorschübe entsteht als Resultierende die vom Taster gesteuerte Bewegung des Schneidmeißels parallel zur Umrißlinie der Schablone.

Eine systematische Zusammenstellung der denkbaren Entstehungsarten für die Vorschübe ergibt eine Anzahl von Kombinationen. Die Vorschubbewegung kann sein: mechanisch (me) oder hydraulisch (hy).

„Mechanisch" soll heißen: Plan- oder Längsvorschub werden durch Gewindespindeln, bzw. über Zugspindeln, Zahnräder und Bettzahnstange o. ä. erzeugt. Unter „hydraulisch" sei die unmittelbare Verbindung des Bettschlittens bzw. Nachformschlittens mit dem Kolben oder Zylinder eines hydraulischen Triebes verstanden.

Bei mechanischer Vorschubbewegung lassen sich drei Antriebsarten unterscheiden:

1. Ableitung der Bewegung von der Arbeitsspindel über Leit- oder Zugspindel . . . . . . . . . . . . . . . . . . . . . . . . . . . . . . . . . (SP),
2. unmittelbarer Antrieb durch besondere Elektromotore . . . . . (EM),
3. unmittelbarer Antrieb durch besondere hydraulische Motore . . . (HM),

Diese Antriebsarten müssen zur Erzeugung der Vorschübe ein- und ausgeschaltet werden können. An Schaltmöglichkeiten kommen in Frage:

1. unmittelbare Einschaltung, d. h. starre Verbindung zwischen Antrieb und Vorschubspindel . . . . . . . . . . . . . . . . . . . . . . . . . . . . . (uE),
2. elektromagnetische Kupplung . . . . . . . . . . . . . . . . . . . . (eK),
3 hydraulisch betätigte Kupplung . . . . . . . . . . . . . . . . . . (hK),
4. pneumatisch betätigte Kupplung . . . . . . . . . . . . . . . . . (pK).

Schließlich kann der Quervorschub senkrecht zur Drehbankachse oder schräg verlaufen.

Im folgenden sei das Antriebsschema Längszug-Planzug durch die entsprechenden Kurzzeichen gekennzeichnet.

Wie aus der Tabelle 1 ersichtlich ist, sind von den zahlreichen Kombinationsmöglichkeiten bisher nur einige wenige praktisch ausgeführt. Die meisten Drehbänke arbeiten nach dem Schema meSPuE-hy. (Die Kombination SPuE—SPuE ergibt, nebenbei bemerkt, die übliche Ausführung einer Drehbank ohne Nachformeinrichtung bzw. mit mechanischer Nachformeinrichtung.) Die wichtigsten in der Praxis erprobten Typen seien kurz skizziert.

**12. Ausgeführte Antriebe. a)** Längszug mechanisch — Planzug mechanisch (me — me). Bei der Leit- und Zugspindeldrehbank üblicher Bauart kann der Schneidmeißel bei eingeschaltetem Vorschubgetriebe nur drei Bewegungsarten annehmen. Diese sind:

|  | *Schaltung* |  | *Bewegungsrichtung* |
|---|---|---|---|
| Längszug ein | — | Planzug aus | parallel zur Drehbanklängsachse, |
| Längszug aus | — | Planzug ein | senkrecht zur Drehbanklängsachse, |
| Längszug ein | — | Planzug ein | schräg zur Drehbanklängsachse, |

wobei im dritten Falle $\mathrm{tg}\,\alpha = \dfrac{\text{Planvorschub}}{\text{Längsvorschub}}$ .

Das sind unter Berücksichtigung der Tatsache, daß der Längszug nach links und rechts und der Planzug einwärts und auswärts gerichtet sein kann, 8 verschiedene Bewegungen (Abb. 41).

Sollen beliebige Kurven gefahren werden, müssen Planzug und Längszug sinngemäß ein- und ausgeschaltet werden. Die entstehende Kurve setzt sich dann aus kleinen Stücken zusammen, die den beschriebenen Grundformen entsprechen. Je

Tabelle 1. *Schema der Erzeugungsmöglichkeiten für die Nachformbewegung.*

| Querbewegung ↓ / Längsbewegung → | mechanisch (me) | | | | | | | | | | | | hydraulisch (hy) |
| --- | --- | --- | --- | --- | --- | --- | --- | --- | --- | --- | --- | --- | --- |
| | von der Arbeits-spindel SP | | | | Elektromotor EM | | | | Hydraulikmotor HM | | | | |
| | uE | eK | hK | pK | uE | eK | hK | pK | uE | eK | hK | pK | |
| mechanisch (me) — von der Arbeitsspindel SP — uE | 1 | | | | | | | | | | | | |
| eK | | 3 | | | | | | | | | | | |
| hK | | | | | | | | | | | | | |
| pK | | | | | | | | | | | | | |
| Elektromotor EM — uE | | | | | | | | | | | | | |
| eK | | | | | | 2 | | | | | | | |
| hK | | | | | | | | | | | | | |
| pK | | | | | | | | | | | | | |
| Hydraulikmotor HM — uE | | | | | | | | | | | | | |
| eK | | | | | | | | | | | | | |
| hK | | | | | | | | | | | | | |
| pK | | | | | | | | | | | | | |
| hydraulisch (hy) | 4 7 | 5 | 6 | | | | | | | | | | 8 |

1 Mechanische Nachformeinrichtung
2 Heyligenstaedt, Monarch
3 Heid, Monarch
4 Heyligenstaedt
5 Ernault Batignolles
6 Lodge und Shipley
7 Zahlreiche Hersteller
8 Heidenreich und Harbeck, Ernault Batignolles.

größer die Anzahl der Schaltungen in der Zeiteinheit ist, um so kleiner werden diese Stücke und um so mehr wird sich die treppenförmige Umrißlinie der vorgegebenen Kurve angleichen. Es kommt also darauf an, die vom Taster ankommenden Impulse möglichst verlustlos in Längs- und Planbewegungen umzusetzen. Im wesentlichen haben sich hierfür 3 Systeme als geeignet erwiesen:

1. Bauart Heyligenstaedt EMek — EMek (Abb. 42). Neben ihrer gewöhnlichen Ausrüstung sitzt bei dieser Drehbank an der rechten Bettseite ein zusätzliches Getriebe. Dieses besteht aus 2 Gleichstrommotoren, die von einem Leonardsatz gespeist werden und 1:10 verstellbar sind. Über Keilriemen und Stirnräder treiben sie unter Zwischenschaltung von elektromagnetischen Umkehrkupplungen die Leit- und Zugspindel an. Die Leitspindel wird beim Nachformen für den Längszug, die Zugspindel für den Planzug verwendet. Der Verstellbereich der Gleichstrommotoren in Verbindung mit einem vorgeschalteten Vorgelege ge-

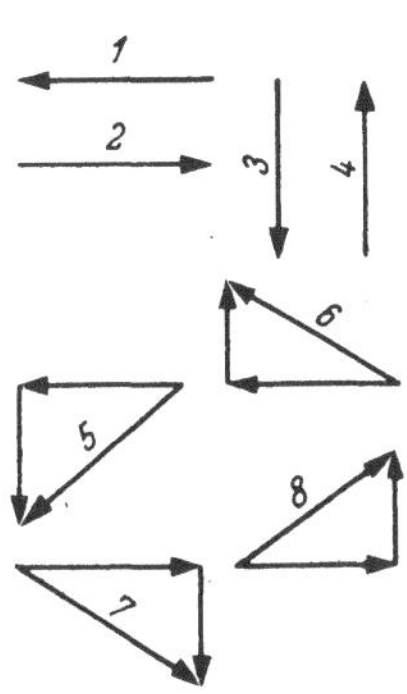

Abb. 41. Die 8 Bewegungsrichtungen des Schneidstahles einer Drehbank.

stattet die stufenlose Einstellung des Plan- und (unabhängig davon) Längsvorschubes im Bereich 1:100. Der Taster schaltet nun über Relais die Kupplungen
entsprechend dem Verlauf der nachzuformenden· Kurve. Beim Längsnachformen
lassen sich die Bewegungen
*längs nach links,*
*quer einwärts,*
*quer auswärts*
schalten. Daraus ergeben
sich die folgenden Bewe-
gungsarten des Schneid-
meißels:

a) parallel zur Drehbank-
längsachse,
b) senkrecht zur Dreh-
banklängsachse,
c) schräge nach außen,
d) schräge nach innen.

Abb. 42. Ansicht einer Drehbank mit elektrischer
Nachformeinrichtung (Heyligenstaedt)

Beim Quernachformen
wird durch Umlegen eines
Schalters das Verhältnis umgekehrt. Es ergeben sich dann die Bewegungen:
*längs nach links,*        *längs nach rechts,*        *quer einwärts.*
Daraus entstehen die Bewegungsarten des Schneidmeißels:

a) parallel,        c) schräge nach links,
b) senkrecht,        d) schräge nach rechts.

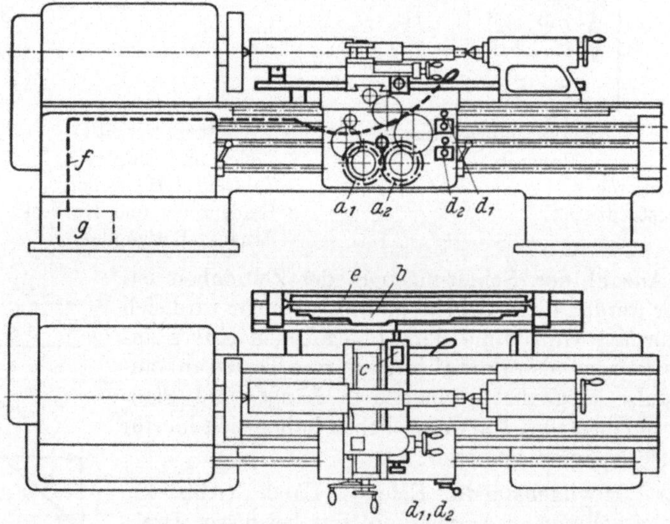

Abb. 43. Antriebsschema einer elektrischen Nachformeinrichtung (Maschinenfabrik Heid A. G.,
Stockerau, Österreich). $a_1$ elektromagnetische Doppelkupplung für die Längsbewegung des Werkzeugschlittens; $a_2$ desgl. für die Planbewegung des Werkzeugschlittens; *b* Schablone; *c* elektrischer Fühler
am Planschlitten befestigt; $d_1$ Schalter zum Ein- u. Ausschalten des Vorschubes beim Drehen oder Nachformen; $d_2$ Schalter zum Wählen der Vorschubrichtung (links, rechts, hinwärts, wegwärts); *e* Schablonenträger; *f* Kabelzuführung; *g* Gleichrichter.

2. Bauart Heid (Sensitast) SPek — SPek (Abb. 43). Auch bei dieser Konstruktion schalten Magnet-Umkehrkupplungen die Plan- und Längsbewegungen
ein und aus. Die Kupplungen sitzen in der Schloßplatte und werden von der Zug-

spindel über Stirnräder und Kegelräder angetrieben. Sie werden unmittelbar ohne Zwischenschaltung eines Relais vom Taster geschaltet. Es lassen sich wahlweise wiederum je 3 Bewegungen zusammenstellen, nämlich:

| | | |
|---|---|---|
| *quer einwärts,* | *quer auswärts,* | *längs nach links.* |
| *quer einwärts,* | *quer auswärts,* | *längs nach rechts.* |
| *quer einwärts,* | *längs nach links,* | *längs nach rechts.* |
| *quer auswärts,* | *längs nach links,* | *längs nach rechts.* |

Die gewünschte Kombination wird einfach durch Betätigen eines Schalters gewählt.

3. Bauart Monarch EMek — EMeK (Abb. 44). Die Bauart Monarch gleicht im wesentlichen der Ausführung Heyligenstaedt. Am rechten Ende des Bettes ist ebenfalls ein Getriebekasten angeordnet, der Schaltgetriebe, Motoren mit verstellbarer Drehzahl und Magnetkupplungen enthält.

Bei einer anderen Ausführung dieser Drehbank werden die Drehzahlen der Antriebsmotoren für Längs- und Planzug über eine Elektronenröhrensteuerung stufenlos verstellt.

**b)** Längszug mechanisch, Planzug hydraulisch (me — hy). Der Planzug kann senkrecht zur Drehbanklängsachse oder schräg zu ihr liegen. Zunächst seien die Ausführungen mit senkrechtem Planzug betrachtet. Der Planschlitten wird hydraulisch bewegt.

1. Bauart Heyligenstaedt SPuE — hy (Abb. 45). Der Ein- und Austritt des Öles wird von einem Steuerschieber, der mit dem Taster in Verbindung steht, geregelt. Die Verschiebung des Querschlittens wird von dem Taster

Abb. 44. Antriebskasten für die Leit- und Zugspindel zum Nachformdrehen (Monarch).

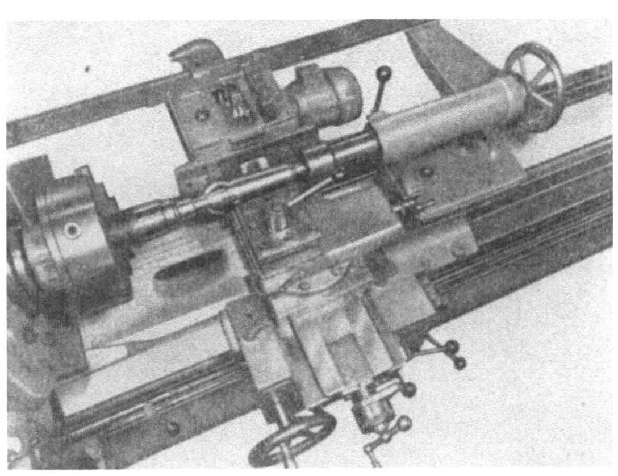

Abb. 45 Hydraulische Nachformeinrichtung mit Nachformzylinder rechtwinklig zur Drehachse (Heyligenstaedt, Modell EH).

so beinflußt, daß sie in Verbindung mit der dauernd von Zug- oder Leitspindel angetriebenen Bettschlittenbewegung dem Schneidmeißel einen der Schablonenkante entsprechenden Verlauf gibt. Da sich der Taster nur senkrecht zur Achse bewegen kann, darf die Neigung $\alpha$ der Umrißlinie der Schablone zur Längsachse der Drehbank einen bestimmten Wert nicht überschreiten, damit noch eine senkrechte Druckkomponente vorhanden ist. Andernfalls würde die Seitenkraft zu groß und der Stift abbrechen. $\alpha$ soll im allgemeinen nicht größer sein als 60° (vgl. Abbildung 6, S. 8).

Diese Bauart wird heute kaum noch hergestellt. Sie ist der Vollständigkeit halber mit erwähnt, zumal sie eine Entwicklungsstufe zu den heute üblichen Konstruktionen darstellt. Ein Nachformen von senkrechten Schultern ist mit einer derartigen Anordnung nicht möglich. Sollen auch senkrechte Schultern bzw. Umrißlinien nachgeformt werden, deren Lage zur Mittellinie 60° überschreitet, muß auch der Längszug gesteuert oder der Quervorschub schräg gestellt werden.

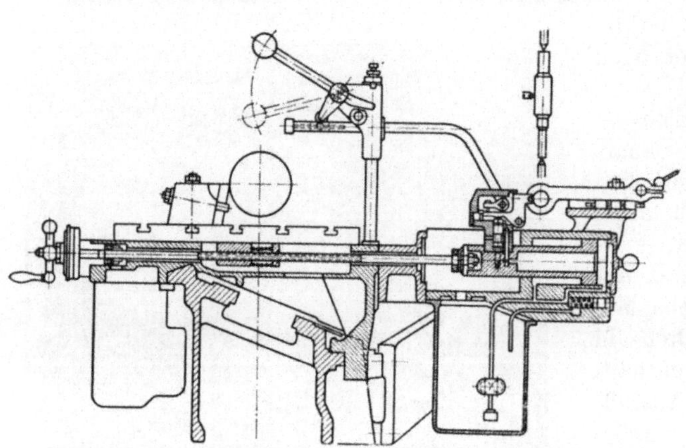

Abb. 46. Hydraulische Nachformeinrichtung mit Nachformzylinder rechtwinklig zur Drehachse (H. Ernault-Batignolles, Paris XIV).

2. Bauart Ernault Batignolles meSPeK—hy (Abb. 46). Bei dieser Konstruktion sitzt der Planschieber ebenfalls senkrecht zur Drehbankachse. Er wird hydraulisch verschoben. Der Grad der Bewegung ist wiederum abhängig von dem Spiel des Hydrauliksteuerschiebers, der seinerseits von dem Taster beeinflußt wird. Auch hier lassen sich nur Steigungen an der Schablone bis zu etwa 60° nachformen.

Treten größere Winkel $\alpha$ auf, tritt durch eine seitliche Auslenkung des Tasters ein Mikrounterbrecher in Tätigkeit. Der Mikrounterbrecher betätigt 2 Elektromagnete. Ein Magnet öffnet den Steuerschieber für den Planschlitten, schaltet also die Planbewegung ein, der zweite schaltet die Zugspindel aus, so daß der Längszug stehenbleibt. Wird der Planschlitten für sich allein gesteuert, ist die Zugspindel über die eingeschaltete elektromagnetische Kupplung angetrieben und erteilt dem Bettschlitten einen gleichförmigen Längsvorschub.

3. Bauart Lodge und Shipley meSPhK — hy (Abb. 47). In der Drehbank dieser Firma ist zwischen Vorschubkasten und Zugspindel eine Lamellenkupplung eingebaut, die von einem Kolben betätigt wird. Der Kolben bewegt sich in einem einseitig unter Öldruck stehenden Zylinder. Der Gegendruck wird von einer Feder ausgeübt. In der Ruhestellung hat die Feder das Übergewicht, so daß die Kupplung geschlossen und der Längszug damit eingerückt ist. Wenn der Taststift von der Schablone über ein bestimmtes Mindestmaß ausgelenkt wird, öffnet sich ein Ventil, so daß der Kupplungszylinder unter Öldruck gesetzt wird. Die Kupplung spricht an und der Längszug bleibt solange stehen, bis die Form der abzutastenden Kurve ein Weiterlaufen des Bettschlittens gestattet.

Abb. 47. Hydraulische Nachformeinrichtung mit Nachformzylinder rechtwinklig zur Drehachse. (The Lodge & Shipley Company, Cincinnati 25, Ohio).

Die bisher gezeigten Bauarten gestatten das Nachformen senkrechter Schultern, weil Längs- *und* Planzug von dem Taster gesteuert werden. Es bleibt hierbei zwar die an der Drehbank übliche Bewegungsrichtung des Querschlittens senkrecht zur Drehbanklängsachse erhalten; wegen der Steuerung *beider* Vorschübe sind jedoch zusätzliche Einrichtungen erforderlich.

Wird die Bewegungsrichtung des Querschiebers jedoch schräg zur Längsachse gestellt, ist das Nachformen senkrechter Schultern möglich, ohne den Längsvorschub zu steuern. Der Bettschlitten wird in der an der Drehbank üblichen Weise über die Zugspindel angetrieben, die gesamte für das Nachformen erforderliche Steuerung ist in den schräg gestellten Querschieber gelegt (Anordnung meSPuE— hy). Aus der geometrischen Addition der durch Ein-

Abb. 48. Hydraulische Nachformeinrichtung mit Nachformzylinder schräge zur Drehachse (Carl Hasse & Wrede G. m. b. H., Mannheim).

stellen am Vorschubgetriebe gegebenen gleichförmigen Längsvorschubbewegung und der vom Taster gesteuerten veränderlichen aber unter einem gleichbleibenden Winkel verlaufenden Querbewegung ergeben sich in gewissen Grenzen beliebige Bahnen für den Schneidstahl (Abb. 48).

c) **Längszug und Planzughydraulisch (hy—hy).**

1. Bauart Heidenreich & Harbeck (Abbildung 49). Bei dieser Nachformeinrichtung wird nicht nur der senkrecht zur Drehbankachse liegende Planschlitten, sondern auch der Bettschlitten durch einen in der Längsrichtung angeordneten zweiten Zy-

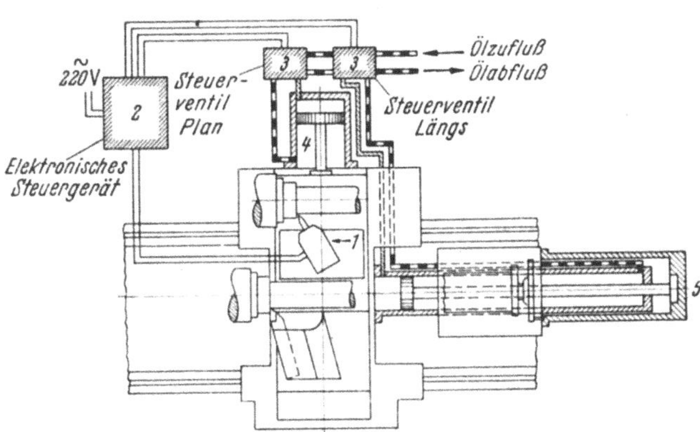


Abb. 49. Hydraulische Nachformeinrichtung mit elektrischer Abtastung (VDF).

linder hydraulisch verschoben. Der Hydraulikzylinder des Planzuges ist mit dem Bettschlitten verschraubt, während die Kolbenstange an dem Planschieber befestigt ist. Der Zylinder für den Längszug ist ebenfalls mit dem Bettschlitten verbunden, die Kolbenstange endet jedoch in einem Schutzzylinder, der seinerseits an dem Reitstock angeschraubt ist.

Die für Nachformarbeiten verfügbare Drehlänge wird damit gleich dem Kolbenhub des Zylinders für die Längsbewegung. Es lassen sich jedoch verschiedene Abschnitte der jeweils vorhandenen Spitzenweite bearbeiten, da ja der Festpunkt für den Längszug am Reitstock sitzt, der an beliebiger Stelle des Bettes festgespannt werden kann.

Der Taster schaltet elektrische Kontakte. Die elektrischen Schaltimpulse werden, in einem Elektronenröhrenrelais verstärkt, an elektromagnetisch betätigte Ventile weitergeleitet. Dem Schließen eines Steuerkontaktes im Taster entspricht ein schlagartiges Öffnen des elektromagnetischen Ventils und damit eine entsprechende Bewegung des Quer- bzw. Längsschlittens. Die in dem Taster angeordneten Kontakte sind den Ventilen für die Plan- und Längsbewegung so zugeordnet, daß bei einer Bewegung des Taststiftes zunächst die Ventile für die Planbewegung gesteuert werden. Erst von einem bestimmten Winkel $\alpha$ an wird der Taststift soweit zurückgedrückt, daß auch die Kontakte für die Längsbewegung in Tätigkeit treten. Der Schalt- und Bewegungsvorgang im einzelnen ist bereits in Abschn. 9, S. 17 beschrieben. Die Elektromagneten reißen die Ventile so schlagartig auf, daß die jeweils eingestellten Öffnungsquerschnitte sofort in voller Größe für den Öleintritt zur Verfügung stehen. Mit zwei Drehknöpfen lassen sich diese Querschnitte verändern. Je nach Einstellung tritt daher eine mehr oder minder

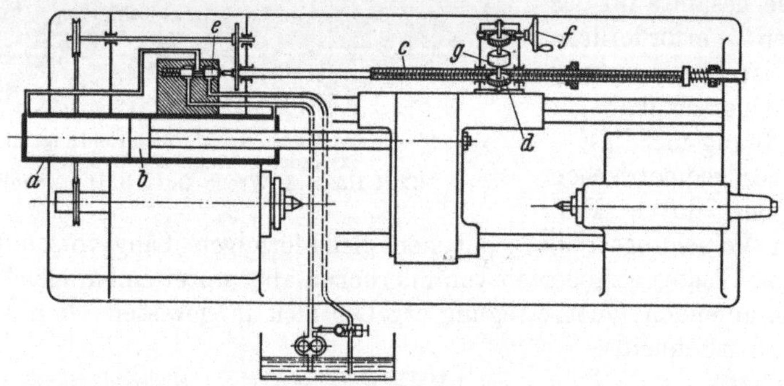

Abb. 50. Hydraulische Nachformeinrichtung mit elektrisch-hydraulischer Abtastung (Ernault-Batignolles). *a* Zylinder; *b* Kolben; *c* Leitspindel für Steuerungszwecke; *d* Schneckenrad, im Eingriff mit *c*; *e* Steuerventil; *f* Handrad; *g* elektromagnetische Kupplung.

große Menge Drucköl in den Zylinder ein, die eine entsprechende Kolbengeschwindigkeit bewirkt. Der Vorschub läßt sich somit stufenlos für Längs- und Planzug getrennt innerhalb eines gewissen Bereiches einstellen.

Will man die Drehbank für gewöhnliche Leit- oder Zugspindelarbeiten benutzen, muß der hydraulische Längszug ausgeschaltet werden, damit sich der Bettschlitten von der Leit- oder Zugspindel verfahren läßt. Dies geschieht dadurch, daß die Kolbenstange mit wenigen Handgriffen von dem Reitstock gelöst wird.

2. Bauart Ernault-Batignollés (Abb. 50). Auch diese Drehbank besitzt einen hydraulischen Antrieb für den Längs- und Planvorschub. Der Planvorschub wird unmittelbar von einem durch den Taster beeinflußten Steuerschieber der Schablone entsprechend geregelt. Der Längsvorschub wird von einem gleichförmigen hydraulischen Antrieb erzeugt. Damit Unregelmäßigkeiten in der hydraulischen Bewegung bei diesem Antrieb ausgeschaltet werden können, wird die hydraulische Längsbewegung von einer Leitspindel kontrolliert, die sich axial etwas verschieben läßt. Ihr linkes Ende ist mit dem Steuerschieber für die Hydraulik der Längsbewegung verbunden, Die Leitspindel wird von der Arbeitsspindel angetrieben. Das Übersetzungsverhältnis der Drehzahlen von Arbeitsspindel zu Leitspindel entspricht dem gewünschten Längsvorschub. Am Bettschlitten ist ein Schneckenrad

angebracht, das, in seiner Umdrehung gehemmt, in die Leitspindel eingreift. Hat der Bettschlitten nicht die gleiche Geschwindigkeit, wie sie der sich drehenden Leitspindel entspricht, entsteht eine Längskraft in der Leitspindel, durch die diese axial verschoben wird und nun das Steuerventil für die Hydraulik sinngemäß einstellt. Die Leitspindel dient hier also lediglich als Steuerorgan.

Das Drehen von senkrechten Absätzen wird in ähnlicher Form vorgenommen wie bei den Drehbänken dieser Firma mit mechanischem Längsvorschub.

## C. Bauformen.

**13. Leit- und Zugspindeldrehbänke mit zusätzlicher Nachformeinrichtung.** Die weitaus verbreitetste Form der Nachformeinrichtung an Drehbänken dürfte die

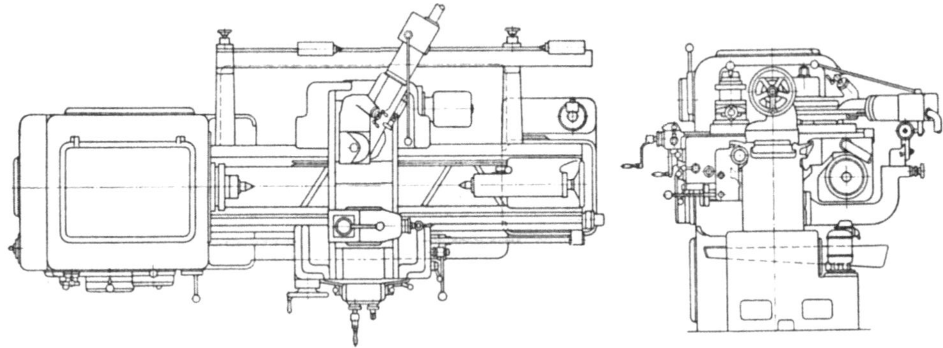

Abb. 51. Hydraulische Nachformeinrichtung (Schaerer).

Ausführung als Zusatzgerät nach dem Schema SPuE—hy mit Schrägschlitten sein. Die Nachformeinrichtung ist hierfür als in sich geschlossenes Aggregat ausgebildet, das ohne Umbauten oder doch nur mit geringfügigen konstruktiven Änderungen an jeder beliebigen Drehbank angebracht werden kann, sofern natürlich Spitzenhöhe und Platz den Anbau überhaupt zulassen.

1. Ein typisches Beispiel für eine derartige Anordnung, wie sie heute von zahlreichen Firmen sowohl für ihre eigenen Erzeugnisse als auch für Drehbänke fremder Herkunft gebaut werden, ist die Nachformeinrichtung der Schaerer-Drehbank (Abb. 28, 51 und 52). Sie besteht aus den folgenden Hauptteilen:

Abb. 52. Hydraulische Nachformeinrichtung (Schaerer).

a) Ölbehälter,
b) Ölpumpe mit Schlauch und Rohrleitung,
c) Nachformapparat,
d) Schablonenhalter.

Eine elektrisch betriebene Pumpe saugt das Hydrauliköl aus dem Ölbehälter und fördert es in die Druckleitung. Der Betriebsdruck beträgt ca. 22 atü. Ein an der Pumpe angeordnetes Überdruckventil gibt bei Überschreiten des Betriebsdruckes den Weg in die Rücklaufleitung frei. Das Öl gelangt nun über die biegsame Druckleitung in den Zylinder des Nachformapparates. Es fließt durch den Kolben über das von dem Taster gesteuerte Auslaßventil durch eine zweite Schlauchleitung in den Ölbehälter zurück. Damit stets sauberes Öl in den Kreislauf gelangt, ist auf der Druckseite der Pumpe ein Ölfilter angeordnet. Das System nimmt etwa 12 Liter Öl auf. Die Betriebstemperatur beträgt rd. 70°C. Nach 1500···2000 Betriebsstunden ist das Öl zu wechseln und die Anlage zu reinigen. Der Ölbehälter mit angebauter Elektropumpe ist an der Rückseite des Bettschlittens angebaut. Die Konstruktion ist so gestaltet, daß sich der Behälter harmonisch in den Gesamtaufbau der Maschine einfügt.

Abb. 53. Lineal mit Reitstöcken und Schablonenhalter (Schaerer).

Bei diesem Nachformapparat ist der Kolben mit dem Planschlitten, der Zylinder mit dem schräg beweglichen Nachformschlitten starr verbunden. Der Nachformschlitten wird an Stelle eines gewöhnlichen Oberschlittens auf den Planschlitten aufgeschraubt. Der schräge bewegliche Nachformschlitten trägt an seinem Vorderende noch eine Führungsbahn in Querrichtung der Drehbank, die den Oberschieber mit Meißelhalter aufnimmt.

Der Schneidmeißel läßt sich somit unabhängig von der Nachformeinrichtung verstellen:

a) in Querrichtung durch Drehen der Planspindel (Verschiebung des gesamten Nachformapparates).

b) in Längsrichtung durch Verschieben des Bettschlittens (Grobverstellung einschl. Nachformapparat) und

c) durch Bewegen des Oberschiebers *auf* dem Nachformapparat (Feinverstellung).

Abb. 54. Nachformapparat zum Anbau an Drehbänke (Bondy A. G., Fribourg, Schweiz).

Mit einem handlich angeordneten Hebel kann ein Eilvorlauf bzw. Rücklauf des Nachformschlittens ausgelöst werden.

Der Schablonenhalter besteht aus einem an der Rückseite des Bettes angeordneten Lineal, auf dem 2 Reitstöcke zum Aufnehmen von Musterwerkstücken oder Spanneinrichtungen für die Befestigung von Blechschablonen verschiebbar sitzen. Mit Hilfe von Stellschrauben wird dieses Lineal genau parallel zur Drehbanklängsachse eingestellt (Abb. 53).

Die vorstehend beschriebene Anordnung ist im Grundsatz überall gleich, wenn auch die Ausführungsarten recht mannigfaltig sind. So gibt es Nachformvorrichtungen, die von vornherein für den Anbau an beliebige Drehbänke vorgesehen sind. Der eigentliche Nachformapparat ist so in sich geschlossen, daß er wie ein Meißelhalter auf den Querschlitten aufgesetzt werden kann. Ölpumpe und Ölbehälter bilden ebenfalls eine geschlossene Einheit, die unabhängig von der Drehbank an geeigneter Stelle hinter dem Bett aufgestellt werden. Hierzu gehört u. a. die

2. Ausführung der Firma Bondy (Abbildung 54). Die aus Ölbehälter und Pumpe bestehende Öldruckanlage, die neben der Drehbank auf dem Boden der Werkstatt aufgestellt wird, ist über eine Schlauchleitung mit dem eigentlichen Nachformapparat verbunden. Das System der Firma Bondy läßt sich mit zu den regelnden Systemen (Abschn. 9, S. 17) rechnen.

In die Räume vor und hinter dem Kolben wird ständig Öl gedrückt. Der Taster steuert den Auslaßschieber, der so gestaltet ist, daß beim Drehen zylindrischer Werkstücke beide Räume abgesperrt sind. Tritt eine Richtungsänderung ein, wird für eine Seite des Zylinders der Auslaß geöffnet, und

Abb. 55. Anordnung von 2 Nachformapparaten auf einer Vielstahldrehbank (Gebr. Heinemann, St. Georgen, Schwarzwald).

damit eine Bewegung des Nachformschiebers eingeleitet. Die Größe der Bewegung ist dabei nur von dem Öffnungsquerschnitt für den Ölaustritt abhängig, der von dem Taster gesteuert wird.

3. Bemerkenswert ist auch die Konstruktion der Firma Heinemann. Der Nachformapparat dieser Firma ist so schmal, daß sich zwei Geräte nebeneinander auf den Querschlitten aufsetzen lassen (Abb. 55).

Bei einigen Drehbanktypen ist der Querschlitten für die Aufnahme der Nachformeinrichtung besonders ausgebildet. Es muß dann für ihren Anbau mindestens der Querschieber, manchmal auch der Bettschlitten ausgewechselt werden.

Abb. 56. Plandrehbank mit Nachformeinrichtung (Heyligenstaedt).

Alle Nachformeinrichtungen dieses Abschnittes sind dadurch gekennzeichnet, daß sie verhältnismäßig einfach mit einer Leit- und Zugspindeldrehbank üblicher Bauart verbunden werden können. Die Drehbank selbst ist dabei in jedem Falle auch als gewöhnliche Leit- und Zugspindeldrehbank zu verwenden. Die Nachformeinrichtung ist eben ein Zusatzgerät, das in seiner Funktion den üblichen an der Drehbank möglichen Bewegungen überlagert ist, ohne diese zu beeinträchtigen.

**14. Leit- und Zugspindeldrehbänke mit eingebauter Nachformeinrichtung.** Im Gegensatz zu den eben beschriebenen Konstruktionen stehen nun eine Reihe von Ausführungsarten, bei denen ein nachträglicher Einbau in eine vorhandene Maschine ohne weiteres nicht mehr möglich ist. Diese Bauarten sind dadurch gekennzeichnet, daß der Einbau der Nachform-

Abb. 57. Schrägführung, im Planschlitten eingebaut (Heyligenstaedt);

Abb. 59. Längs- und Planhydraulikzylinder, im Bett bzw. Bettschlitten eingebaut (Heidenreich & Harbeck).

Abb. 58. Elektromagnetische Kupplungen, im Bettschlitten eingebaut (Heid).

einrichtung nicht mit dem Auswechseln des Querschlittens oder Bettschlittens erledigt ist, sondern daß innerhalb der Drehbank von vornherein bestimmte Bestandteile für die Nachformeinrichtung konstruktiv vorgesehen werden müssen. Hierher gehören z. B. jene Ausführungen, bei denen die Leit- und Zugspindel zum Antrieb der Nachformbewegung herangezogen werden. Ein Zusatzgetriebe ist dann erforderlich, das, oft am rechten Ende des Drehbankbettes befindlich, mit den Spindeln für die Nachformbewegung verbunden wird. Gleichzeitig muß am Vorschubkasten eine Anordnung vorhanden sein, um die genannten Spindeln bei Nachformdrehen von dem Vorschubantrieb abzuschalten.

An der Drehbank von Lodge & Shipley ist z. B. am Vorschubkasten eine hydraulische Kupplung für die Zugspindel angeordnet.

Die Abb. 56 bis 64 zeigen, daß die Nachformeinrichtungen nicht mehr als Zusatzgeräte anzusprechen sind, die sich beliebig an- und abschrauben lassen.

Ganz besonders deutlich wird dies bei der Ausführung von Heidenreich & Harbeck (Abb. 59: *Unicop*). In dem Bett ist ein Hydraulikzylinder für die Längsbewegung, im Bettschlitten ein zweiter für die Querbewegung angeordnet. Ein Umschalten der Maschine von Nachform- auf gewöhnliche Dreharbeiten erfordert ein Unterbrechen der Verbindung zwischen Bettschlitten und Reitstock, die für Nachformarbeiten durch das System Hydraulikzylinder und Kolben miteinander gekoppelt sind.

Der Planschlitten dieser Drehbank ist als Doppelschieber ausgebildet. In dem mit der Hydraulik für die Planbewegung verbundenen Nachformschlitten ist eine Planspindel gelagert. Auf dem Nachformschlitten gleitet ein zweiter Querschlitten, der den

Abb 60. Antrieb von Leit- und Zugspindel durch elektronisch gesteuerte Vorschubmotoren (Monarch).

Meißelhalter trägt. Der Schneidmeißel kann damit durch Verdrehen der Planspindel relativ zu der von der Hydraulik gegebenen Lage verstellt werden.

Am weitetesten hat sich das Modell *Sensitast* der Firma Heid (Abb. 63 u. 64) von der üblichen Bauart entfernt[1]. Die Führungsfläche für den Reitstock liegt senkrecht. Dadurch wird das eigentliche Bett, auf dem nur noch die Führungsbahnen für den Bettschlitten liegen, von den Kräften entlastet, die vom Reitstock herrühren. Das Bett ist vollkommen durch Bleche abgedeckt. Die Schlittenführung für den Planschlitten besitzt eine leichte Schräge nach hinten. Diese Anordnung trägt besonders gut der Tatsache Rechnung, daß beim Nach-

Abb. 61. Anordnung des Nachformschlittens und Abtastung der Musterwelle (Monarch).

formdrehen der Späneanfall in der Zeiteinheit erheblich größer ist als bei üblichen Dreharbeiten.

**15. Nachformdrehmaschinen.** Die in den beiden vorhergehenden Abschnitten beschriebenen Bauarten sind nach dem Grundsatz entwickelt worden, die Eigen-

---

[1] Vgl. Österreichischer Maschinenmarkt u. Elektrowirtschaft, IV. Jg. (1949), Heft 23/24: HAUTH, F., Eine Spitzendrehbank neuartiger Konstruktion.

Abb. 62. Nachformeinrichtung mit Nachformschlitten rechtwinklig zur Drehachse (Lodge & Shipley).

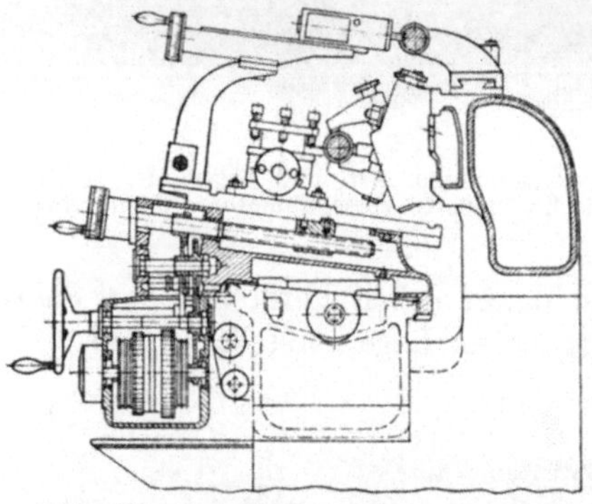

Abb. 63. Querschnitt durch das Modell „Sensitast" (Heid).

schaften der gewöhnlichen Leit- und Zugspindeldrehbank auf jeden Fall zu erhalten. Es herrscht hierbei der Gedanke vor, der Käufer der Drehbank sei nicht in der Lage, die Maschine ausschließlich mit Nachformarbeiten zu beschäftigen. Die Bank muß auch für andere Dreharbeiten benutzbar und die Nachformeinrichtung selbst abschaltbar sein. Solche Drehbänke sind für Betriebe gedacht, die wohl eine für Nachformarbeiten in Frage kommende Reihenfertigung betreiben; die Reihenfertigung ist aber wiederum nicht so groß, daß die Nachformeinrichtung damit dauernd ausgelastet wäre.

Wenn nun die nachformfähigen Drehteile so zahlreich werden, daß eine Drehbank laufend mit Nachformdreharbeiten · belegt ist, wird die Verwendung einer *Nachformdrehmaschine* wirtschaftlich. Hierunter ist eine Drehbank zu verstehen, die von vornherein nur für Nachformarbeiten gebaut und allen hierbei auftretenden Erfordernissen besonders gut angepaßt ist, wobei bestimmte

Abb. 64. Ansicht der Nachformdrehbank „Sensitast" mit senkrechter Führungsbahn für den Reitstock (Heid).

Eigenschaften der Universaldrehbank, wie z. B. die Möglichkeit, Gewinde zu schneiden, fortfallen.

**a)** Bauart Fischer Modell KDM (Abb. 65). Diese Nachformdrehmaschine ist der älteste Vertreter ihrer Gattung. Schon das äußere Bild zeigt erhebliche Abweichungen von der üblichen Form einer Drehbank. Reitstock und Werkzeugschlitten sind auf getrennt senkrecht liegenden Führungsbahnen geführt. Durch

Abb. 65. Ansicht der Nachformdrehmaschine Modell KDM (Georg Fischer A. G., Schaffhausen, Schweiz).

diese Anordnung ist ein einwandfreier Ablauf der anfallenden Späne gesichert. Ein weiteres Merkmal ist die auf den Drehdurchmesser bezogene außergewöhnlich hohe Antriebsleitung: 20 PS bei einem größten Drehdurchmesser von 225 mm und 25 PS

bei einem größten Durchmesser von 355 mm. Um diese Leistungen ausnützen zu können, ist die ganze Maschine sehr kräftig gehalten, insbesondere sind der Meißelhalter und die damit zusammenhängenden Teile für sehr große Zerspanungskräfte entworfen.

Das Nachformsystem, das zu der Gruppe der regelnden Systeme gehört, arbeitet nach dem Schema meSPuE—hy mit Schrägschlitten. Interessant ist die konstruktive Gestaltung. Ölbehälter, Ölpumpe mit Regelorganen, Nachformschlitten, sowie das aus Schieberädern bestehende Vorschubgetriebe für den Längszug sind in dem Werkzeugschlitten (Bettschlitten) in einem geschlossenen Gehäuse vereinigt (Abb. 66). Mit dem Schlitten ist starr der Zylinder der hydraulischen Nachformeinrichtung verbunden, während der Kolben einen Teil des auf dem Werkzeugschlitten gleitenden Nachformschlittens bildet, der den Schneidmeißel aufnimmt.

Der Taster hat 2 Steuerkanten. Zu jeder Kante gehört eine besondere Schablone. Mit dieser Einrichtung ist es möglich, nach links *und* rechts liegende Schultern

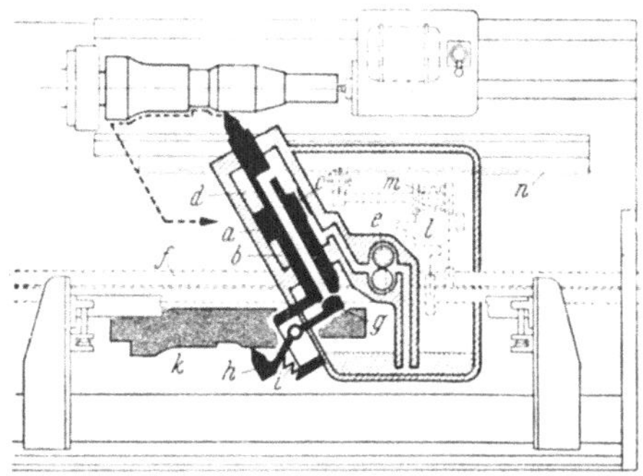

Abb. 66. Anordnung der Nachformeinrichtung zur Nachformdrehmaschine Modell KDM (Fischer). *a* Nachformschlitten, als Differentialkolben ausgebildet; *b* kleiner Druckraum; *c* Drosselbohrung; *d* großer Druckraum; *e* Zahnradölpumpe, angetrieben von Schnellgangwelle *f* mit gleichförmiger Drehzahl; *g* Steuerventil; *h* Taster; *i* Feder; *k* Schablone; *l* Getriebe; *m* Wendekupplung; *n* Zahnstange.

zu bearbeiten, ohne das Werkstück umzuspannen (Abb. 67). Mit der einen Steuerkante wird gegen den Spindelstock, mit der anderen gegen den Reitstock gedreht.

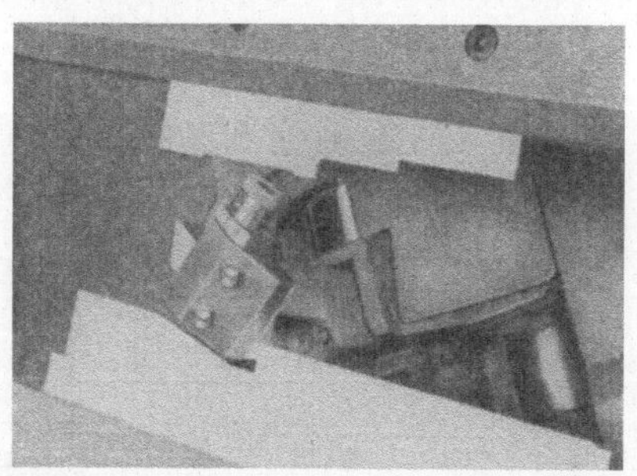

Abb. 67. Nachformtaster mit 2 Kanten zum Drehen gegen den Spindelkasten und gegen den Reitstock (Fischer). *Oberes Bild*: Der obere Innennachformstahl arbeitet gegen die Hauptspindel. — *Mittleres Bild*: In derselben Aufspannung arbeitet der untere Innennachformstahl gegen den Reitstock. — *Unteres Bild*: Die obere Kante des verstellbaren Tasters übernimmt die Steuerung des Drehwerkzeuges gegen die Hauptspindel, die untere gegen den Reitstock.

**b)** Bauart Heidenreich & Harbeck-Modell CM 250 (Abb. 68). Während die Führungsbahnen für Bettschlitten und Reitstock der Nachformdrehmaschine von Fischer in einer senkrechten Ebene angeordnet sind, hängen bei der Maschine der Firma Heidenreich & Harbeck Reitstock und Bettschlitten schräg nach unten. Der Schneidmeißel arbeitet über Kopf und wird von hinten nach vorn zugestellt. Damit ergeben sich günstige Bedingungen für den Abfluß der Drehspäne. Die einwandfreie Abfuhr des zerspanten Werkstoffes ist bei einer Nachformdrehmaschine ein Hauptproblem. Wegen der erheblichen Verringerung der Nebenzeiten und der im Vergleich mit Universaldrehbänken gleicher Drehdurchmesser außergewöhnlich hohen *Antriebsleistung* fallen wesentlich mehr Späne an, als es bei Drehbänken sonst üblich ist.

Das den schaltenden Systemen zuzuordnende Nachformsystem arbeitet nach dem Schema hy—hy, wie unter Abschn. 12c, S. 33 beschrieben. Der Taster steuert über einen Elektronenröhrenverstärker elektromagnetische Ventile.

Der Maschinenkörper besteht aus 2 Teilen, dem auf 3 Punkten ruhenden Maschinengestell und dem Bett mit Spindelkasten, Bettschlitten und Reitstock. Das Bett bildet mit den genannten Teilen eine Einheit, die bei der Zerspanung einen geschlossenen Kraftfluß ergibt (Abb. 69). Bei dieser Konstruktion bleiben die Schwingungsamplituden klein, da der Schwerpunkt annähernd in der Höhe des Werkstückes liegt. Bei einem Drehdurchmesser über dem Schlitten von 250 mm steht eine Antriebsleistung von rd. 30 kW zur Verfügung.

**c)** Bauart Heyligenstaedt (Abb. 70: Modell *Heycomat*). Das Modell Heycomat hat ebenfalls die für Nachformdrehmaschinen kennzeichnende, von der Waagerechten abweichende Anordnung der Bettführung. Der Schlitten hängt jedoch nicht über Kopf, wie bei dem Modell CM 250, sondern steht schräg nach hinten um 30° gegen die Senkrechte geneigt.

Als Nachformeinrichtung wird ein Schrägschieber vom Typ meSpuE—hy verwendet. Die hydraulische Steuerung arbeitet nach dem Einkantensystem, gehört also zur Gruppe der regelnden Nachformsteuerungen. Der Schneidmeißel arbeitet von oben nach unten. Bettschlitten, Schablone und Taster liegen wie bei dem Modell CM 250 oberhalb des Werkstückes, so daß die Drehspäne frei nach unten fallen können. Eine Aussparung auf der Rückseite (Abb. 71) gestattet das bequeme Einfahren eines Spänewagens.

Abb. 68. Ansicht der Nachformdrehmaschine Modell CM 250 (Heidenreich & Harbeck)

Am Modell Heycomat finden wir den Gedanken verwirklicht, das Werkstück mit gleichbleibender Schnittgeschwindigkeit und selbsttätig mit denjenigen Vorschüben zu bearbeiten, die nach Angabe der Werkzeichnung erforderlich sind. Für das Einhalten einer unveränderlichen Schnittgeschwindigkeit bei wechselndem Drehdurchmesser ist die Maschine mit einem Zahnradschaltgetriebe in Verbindung mit einem stufenlosen PIV-Getriebe ausgerüstet, das eine Verstellung von 1:5 zuläßt. 8 verschiedene Schnittgeschwindigkeiten können gewählt werden, die dann jeweils über einen Durchmesserbereich von 50···250 mm gleich bleiben. Auf Wunsch ist auch ein anderer Durchmesserbereich einstellbar. Das PIV-Getriebe wird von dem Nachformschlitten gesteuert. Der jeweiligen Stellung dieses Schlittens entspricht die Dreh-

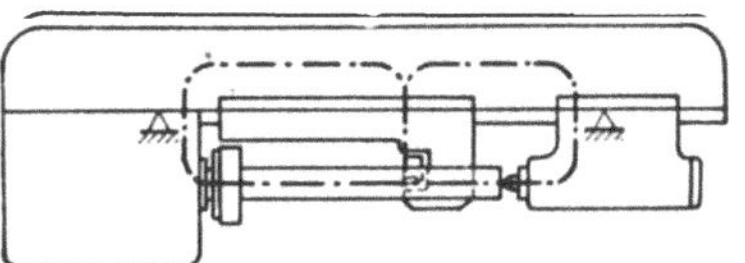

Abb. 69. Geschlossener Kraftfluß bei der Nachformdrehmaschine Modell CM 250 (Heidenreich & Harbeck).

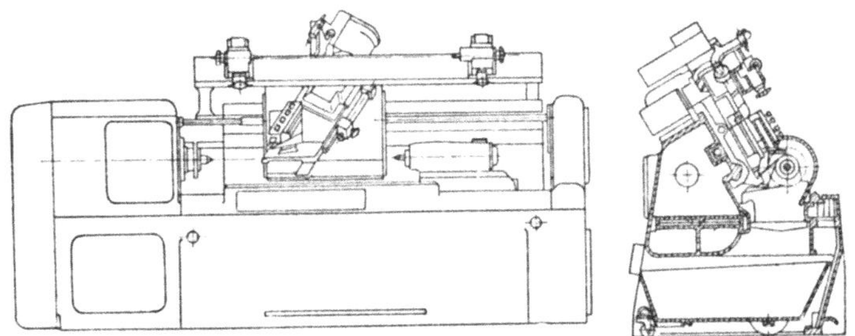

Abb. 70. Nachformdrehmaschine Heycomat (Heyligenstaedt).

winkeländerung einer Steuerwelle, die über Kontakte und Schütze den Verstellmotor des PIV-Getriebes schaltet.

Für die Erzeugung des Längsvorschubes ist ein zweites PIV-Getriebe vorgesehen, so daß die Längsvorschübe stufenlos einstellbar sind. Es lassen sich vier verschiedene Vorschübe vorwählen, die über verschiebbare, an der Rückseite des Bettes angeordnete Anschläge eingestellt werden können. Es stehen also vier verschiedene vorwählbare Vorschübe zur Verfügung, mit denen beliebige Abschnitte bearbeitet werden können. Bei einem Drehdurchmesser über dem Schlitten von 315 mm ist eine Antriebsleistung von 22 PS vorgesehen.

d) **Bauart Ernault-Batignolles** (Abb. 72: Modell *Pilote*). Hier ist der Bettschlitten ähnlich wie bei dem Modell Heycomat angeordnet. Der Schneidmeißel arbeitet von unten nach oben. Die Nachformeinrichtung mit der Schablone sitzt oberhalb des Werkstückes. Das Nachformsystem selbst entspricht dem Schema hy—hy (siehe Abschn. B, S. 34). Wie dort schon erwähnt, wird die Geschwindigkeit des Bettschlittens von einer Leitspindel kontrolliert, um den hydraulisch erzeugten Längsvorschub konstant zu halten. Der Drehzahlbereich erstreckt sich von 10 · · · 3000 U/min, Drehdurchmesser über dem Bett 350 mm, Leistung 12 · · · 40 PS.

e) **Bauart VDF** (Abb. 73: Modell *Unicop V 3*, vereinfachte Ausführung III). Zu der Gruppe der Nachformdrehmaschinen ist auch noch diese Maschine zu rechnen, wenn unter Nachformdrehmaschinen solche Drehbänke verstanden werden sollen, die ausschließlich für Nachformarbeiten gedacht sind. Dieses Modell ist entwickelt aus der Universaldrehbank mit Nachformeinrichtung Modell Unicop V 3. Wie bereits S. 39 erläutert, hat Modell Unicop neben den üblichen an einer Drehbank vorhandenen Einrichtungen zur Erzeugung von Längs- und Planvorschub für das Nachformdrehen zusätzlich einen hydraulischen Längs- und Planvorschub. Bei dem Modell Unicop V 3, vereinfachte Ausführung III, sind die mechanischen Vorschubantriebe über Leit- und Zug-

Abb. 71. Ansicht der Nachformdrehmaschine Modell Heycomat von hinten, mit der Aussparung zum Einfahren des Spänewagens (Heyligenstaedt).

Abb. 72. Ansicht der Nachformdrehmaschine Pilote (Ernault-Batignolles).

Abb. 73. Ansicht der aus einer Universaldrehbank mit Nachformeinrichtung entwickelten Nachformdrehmaschine Unicop V 3 (VDF).

spindel und alle damit zusammenhängenden Teile fortgelassen. Nur die Einrichtung für den Handantrieb des Bettschlittens über die Bettzahnstange ist geblieben. Alle anderen Funktionen an der Drehbank werden über elektrische oder hydraulische Elemente bewirkt, wie z. B. auch das Aus- und Einkuppeln des Arbeitsspindelantriebes.

## D. Sonderausstattungen.

Damit die Nachformdrehmaschinen ihren besonderen Aufgaben soweit wie möglich entsprechen können, sind sie mit zahlreichen zeitsparenden Einrichtungen versehen, über die in den nachfolgenden Abschnitten einiges mitgeteilt wird.

**16. Unrundnachformeinrichtung.** Die Entwicklung der Nachformeinrichtung an Drehbänken ist ursprünglich von der Aufgabe ausgegangen, ungewöhnliche, d. h. nichtzylindrische Werkstücke zu bearbeiten, wie z. B. Formen für Flaschen o. ä. Heute sind derartige Werkstücke im Verhältnis zu den für das Nachformdrehen in Frage kommenden Teilen selten, nachdem sich gezeigt hat, daß durch das Nachformdrehverfahren gerade bei der Bearbeitung der vorwiegend in der Dreherei anfallenden zylindrischen Werkstücke erhebliche Zeiten gespart werden.

Noch seltener sind diejenigen Werkstücke, deren Querschnitte von der Kreisform abweichen. Für bestimmte Fälle sind Sondermaschinen entwickelt worden, wie. z. B. Hinterdrehbänke, Nockenwellen- und Kolbenringdrehbänke. Für viele Formen lohnt sich die Konstruktion einer Sondermaschine nicht, da die in Frage kommenden Stückzahlen zu gering sind. Es wird sich auch nicht jeder Hersteller von Nockenwellen eine Sondermaschine anschaffen, wenn seine Stückzahlen einen wirtschaftlichen Grenzwert nicht überschreiten. In solchen Fällen ist dann eine Unrundnachformeinrichtung am Platze.

Das Wesentliche an der Unrundnachformeinrichtung wie auch an den Sondermaschinen für derartige Arbeiten ist die Hin- und Herbewegung des Schneidmeißels in Planrichtung bei jeder Umdrehung des Werkstückes, entsprechend der betreffenden Querschnittsform. Handelt es sich um Werkstücke mit parallelen Mantellinien, genügt eine einfache Unrundnachformeinrichtung, da ein Verstellen des Schneidmeißels auf andere Drehdurchmesser nicht erforderlich ist. Bei vielen Körpern verlaufen die Mantellinien nicht parallel. Es muß dann sowohl in Längsals auch in Querrichtung nachgeformt werden. Typische Beispiele sind das Drehen von Schaufelflächen für Turbinen oder das Bearbeiten von Formen für Glasgefäße (z. B. vierkantige Flasche).

Beim Unrundnachformen treten hauptsächlich zwei Probleme auf. Einmal ist die Drehzahl des Werkstückes abhängig von dem Vermögen der Nachformeinrichtung, den abzudrehenden Kurven zu folgen. Es leuchtet ein, daß die Querbewegung wegen der in verhältnismäßig kurzer Zeit hin- und herzubewegenden Massen um so weniger genau wird, je größer die Drehzahl ist. Die Drehzahl ist also abhängig von den zugelassenen Abweichungen in der Form zwischen Schablone und Werkstück. Von einer bestimmten Drehzahl ab können Eigenschwingungen des Nachformschlittens ein exaktes Abtasten der Schablone unmöglich machen.

Die zweite Schwierigkeit bildet die Änderung von Freiwinkel und Spanwinkel am Drehmeißel während der Umdrehung des Werkstückes. Wird z. B. ein Körper mit quadratischem Querschnitt bearbeitet, ändern sich Freiwinkel $\alpha$ und Spanwinkel $\gamma$ je 45° Drehwinkel in den Grenzen von $\alpha \pm 45°$ bzw. $\gamma \pm 45°$, d. h., damit überhaupt noch gedreht werden kann, müssen $\alpha$ und $\gamma$ mindestens 45° sein (vgl. Abschn. 7, Abb. 21, S. 15). Diese kurzen Hinweise zeigen, daß dem Unrundnachformen gewisse Grenzen gesetzt sind, es sei denn, daß der Drehmeißel entsprechend geschwenkt wird. wie es bei der Nockenwellendrehbank der Fall ist.

Man umgeht beide Schwierigkeiten, wenn ein *Fräsapparat* an Stelle des Meißelhalters auf die Bank aufgesetzt wird. Einmal lassen sich mit dem Fräser auch dann die zerspanungstechnisch richtigen Schnittgeschwindigkeiten erzielen, wenn die Arbeitsspindel langsam läuft und zum anderen gibt es auch keine Schwierigkeiten durch die Änderung von Span- und Freiwinkel. Der Nachteil des Fräsverfah-

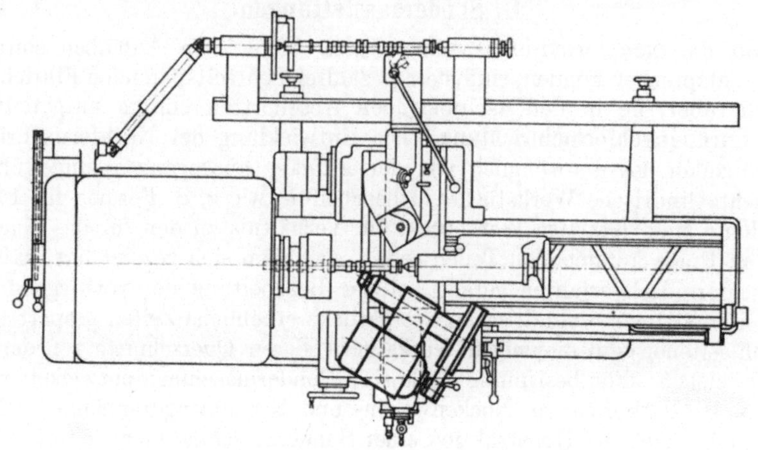

Abb. 74. Fräs- u. Schleifaufsatz in Verbindung mit einer Nachformeinrichtung (Schaerer).

rens liegt naturgemäß darin, daß der kleinste herzustellende Radius am Werkstück gleich dem Radius des Fräsers wird. Wenn scharfe Kanten beim Innennachformen gewünscht werden, ist das Fräsverfahren nicht brauchbar. Ob Fräsen oder Drehen zweckmäßiger ist, muß für jeden Einzelfall genau untersucht werden, unter Berücksichtigung der angedeuteten Gesichtspunkte und der sich daraus ergebenden kürzesten Bearbeitungszeiten für jedes Verfahren. In Grenzfällen werden auch die Kosten für den aufzusetzenden Fräsapparat eine Rolle spielen.

An Stelle des Fräsapparates läßt sich auch ein *Schleifgerät* auf den Nachformschlitten aufsetzen, so daß unrunde Drehkörper unter Umständen auch geschliffen werden können. Hier kommt

Abb. 75. Bearbeitung von Steuernocken. m Unrundnachformdrehverfahren (Heyligenstaedt).

es natürlich sehr auf den einzelnen Bearbeitungsfall an und auf die Ergebnisse, die man mit dem Schleifen erzielen möchte (Abb. 74). Die hin- und hergehende Bewegung des Planschlittens wird von Kurvenscheiben oder durch Abtasten des kreisenden Musterstückes erzeugt.

Wird ein Musterstück abgetastet, muß seine Drehzahl in einem bestimmten Verhältnis zu der des Werkstückes stehen. Sind die Drehzahlen gleich, entsteht eine genaues Abbild des Musters. Bei entgegengesetzt gleicher Drehbewegung wird das Spiegelbild erzeugt. Dies kommt z. B. bei der Herstellung der Steuernocken von Kolbenmaschinen für Rechts- und Linkslauf in Frage (Abb. 75). Erhält das Musterstück eine Drehzahl, die ein bestimmtes Vielfaches der Drehzahl des Werk-

stückes ausmacht, wird der Querschnitt des Musters entsprechend oft auf dem Werkstück abgebildet. Es kann auch der Fall eintreten, daß mehrere gleiche Werkstücke auf eine Planscheibe oder Trommel aufgespannt und nach einem Musterstück nachgeformt werden. Auch hier muß dann das Muster so viele Umdrehungen machen, wie Teile aufgespannt sind, bzw. je Umdrehung der Arbeitsspindel bearbeitet werden müssen.

Es ist demnach ein zusätzliches Getriebe erforderlich, um das Musterstück in Abhängigkeit von der Arbeitsspindel anzutreiben.

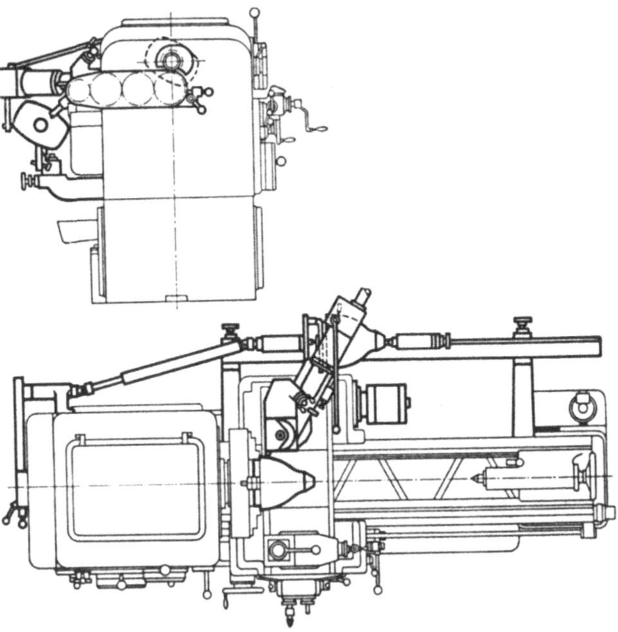

Abb. 76. Unrundnachformeinrichtung. Antrieb der Musterwelle zur Unrundnachformeinrichtung über einen Satz Zahnräder (Schaerer).

Einfache Lösungen sind Kettenantriebe. Besser ist ein Rädergetriebe (Abb. 76), da die Genauigkeit des Antriebes, d. h. der Unterschied in den Drehwinkeln von Arbeitsspindel und Musterspindel für die Güte des Nachformvorganges ausschlaggebend ist.

Für Nachformfräsarbeiten muß die Arbeitsspindel sehr langsam umlaufen (1···2 U/min). Derart niedrige Drehzahlen besitzen Drehbänke mit einer Spitzenhöhe von rund 250 mm meistens nicht. Die Bank erhält dann ein zusätzliches Untersetzungsgetriebe für solche Arbeiten.

Eine eigens für Unrundnachformarbeiten konstruierte Drehbank ist das Modell *Shapemaster* der Firma Monarch (Abb. 77). Die hin- und hergehende Bewegung des Schlittens wird von einem umlaufenden Muster oder einer Scheibe über ein verstellbares Hebelsystem ge-

Abb. 77. Die Nachformmöglichkeiten bei Modell „Shapemaster", dargestellt an Linien, die in eine Platte eingedreht werden (Monarch).

steuert. Das Drehzahlenverhältnis Musterstück zum Werkstück läßt sich über Wechselräder von 1:1 bis 1:520 bilden. Der Hub des Schneidmeißels selbst ist einstellbar von $0 \cdots 2^{1}/_{2}''$. Der Längsvorschub des Schneidmeißels läßt sich gegenüber dem Vorschub des Tasters am Musterstück ebenfalls verändern. Es können somit Körper nach ein und demselben Musterstück hergestellt werden, die zwar untereinander geometrisch ähnlich sind, jedoch die eingravierten Muster in verschiedenen Breitenausdehnungen enthalten. Eine besondere Hubverstelleinrichtung gestattet das Bearbeiten von Werkstücken mit gleichförmig ansteigenden oder abfallenden Durchmessern. Bei Teilen mit unregelmäßigen Formen läßt sich die Shapemaster-Maschine auch mit der elektrischen KELLER-Nachformeinrichtung versehen[1]. Die in Abb. 78 u. 79 dargestellten Werkstücke zeigen die vielfältigen Anwendungsmöglichkeiten dieser Drehbank.

### 17. Maßnahmen zur Verringerung der Hauptzeiten.

Abb. 78. Werkstück, durch Unrundnachformdrehen auf der Maschine Modell „Shapemaster" hergestellt (Monarch).

Um klar herauszustellen, was in bezug auf eine Verkleinerung der Hauptzeiten noch erreicht werden kann, sei zunächst einmal der Idealfall betrachtet. Die kürzeste Hauptzeit (d. h. die Zeit, in der zerspant wird) ist dann erreicht, wenn während des gesamten Drehvorganges die richtige und wirtschaftliche Schnittgeschwindigkeit eingehalten und der zweckmäßige, d. h. nach den Vorschriften der Werkstattzeichnung erforderliche Vorschub eingestellt ist. Daraus ergibt sich die Forderung nach stufenloser Einstellung der Hauptspindeldrehzahl in Abhängigkeit von dem jeweils bearbeiteten Werkstückdurchmesser und die stufenlose Einstellung des Vorschubes in Abhängigkeit von den Vorschriften der Werkstattzeichnung. Eine weitere Verringerung der Hauptzeiten ist von der Maschinenseite her nicht möglich, da die Schnittgeschwindigkeit als Funktion von Werkstoff des Werkstückes und Schneidmeißels, von den Winkeln am Schneidmeißel und von der Standzeit als eine jeweils vorgegebene unveränderliche Größe anzusehen ist. Inwieweit sich die Hauptzeiten durch eine Erhöhung der Schnittgeschwindigkeit noch weiter senken lassen, ist eine Frage der Zerspanungsforschung. Die Maschinenkonstruktion ist hieran nur insoweit

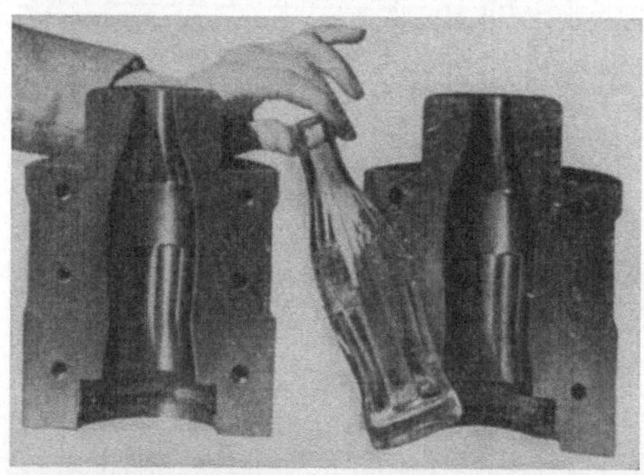

Abb. 79.   Flaschenform, ausgedreht auf Modell „Shapemaster" (Monarch)[2].

beteiligt, als die Drehbänke die erforderlichen Leistungen besitzen und die dabei auftretenden Kräfte aushalten müssen.

Die Frage der Schnittiefe soll in diesem Zusammenhang ebenfalls nicht untersucht werden. Bei vielen Dreharbeiten ist die Schnittiefe durch die Form des Werkstückes gegeben (z. B. Schmiede- oder Gußstücke), so daß zusammen mit dem durch die gewünschte Oberflächengüte vorbestimmten Vorschub der mögliche Spanquerschnitt oft gar nicht erreicht wird. Ob also im Einzelfall ein Span oder mehrere Späne abgenommen werden müssen, entscheidet nicht immer die Leistungsfähigkeit der Drehbank.

---

[1] Die elektrische Keller-Nachformeinrichtung, in den USA entwickelt, wird seit Jahren an Nachformfräsmaschinen verwendet.

[2] Derartige Formen werden auch auf der Schaerer-Drehbank mit Unrundnachformeinrichtung erzeugt.

Einige Beispiele mögen nun die *Zeitersparnisse* beim Arbeiten mit gleichgehaltener Schnittgeschwindigkeit gegenüber dem meistens üblichen Drehen mit gleichbleibender Drehzahl zeigen. Es sei:

$L$ (mm) die zu bearbeitende Umrißlinie des Werkstückes (z. B. Bogenlänge in Abb. 80),

$D$ (mm) der Werkstückdurchmesser,

$s_u$ (mm/U) der Vorschub je Umdrehung der Arbeitsspindel längs der Umrißlinie (Gl. (23) S. 25),

$n$ (U/min) die Drehzahl der Arbeitsspindel,

$v_0$ (m/min) die Schnittgeschwindigkeit und

$T$ (min) die Drehzeit für einen Span,

dann gilt:

$$T = \frac{L}{s_u\,n} \quad \text{und} \quad n = \frac{1000\,v_0}{\pi\,D}.$$

Die Drehzeit wird dann

$$T = \frac{\pi\,D\,L}{1000\,s_u\,v_0} \quad (\text{min}). \tag{27}$$

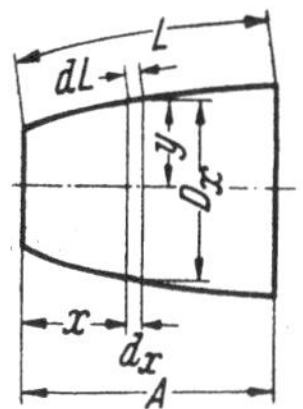

Abb. 80. Skizze zur Formel für die Drehzeit eines unregelmäßig geformten Körpers.

Darin ist $\pi\,D\,L$ die zu bearbeitende Fläche in mm² und $1000\,s_u\,v_0$ diejenige Fläche in mm², die mit dem Vorschub $s_u$ und der Schnittgeschwindigkeit $v_0$ in 1 Minute bearbeitet wird (also mm²/min). In den nachfolgenden Beispielen sei $s_u$ als gleichbleibend angenommen.

**a)** Bearbeiten eines abgestumpften Kegels mit den Durchmessern $D_1$ und $D_2$ und der Mantellänge $L$ (Abb. 81).

Zunächst soll die *Drehzahl* während des ganzen Arbeitsganges gleich bleiben; sie wird also für den größten Durchmesser $D_2$ eingestellt. Dann ist nach Gl. (27):

$$T_n = \frac{\pi\,D_2 L}{1000\,s_u\,v_0} \quad (\text{min}). \tag{28}$$

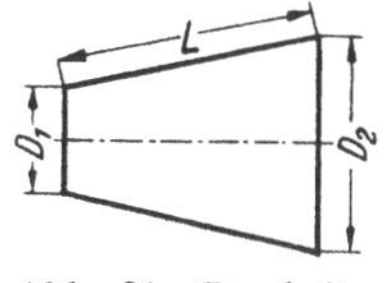

Abb. 81. Bearbeiten eines Kegels.

Hier ist $\pi\,D_2\,L$ die Mantelfläche eines Zylinders vom Durchmesser $D_2$ und der Länge $L$. Man könnte also in der Zeit $T_n$ auch diesen Zylinder abdrehen.

Soll dagegen die *Schnittgeschwindigkeit* während der Bearbeitung des Kegelmantels gleich bleiben, so muß $v_0$ dadurch gleichgehalten werden, daß die Drehzahl des Werkstückes dem abnehmenden Kegeldurchmesser entsprechend stetig gesteigert wird, also ebenfalls der Nenner in Gl. (28) gleich bleibt. In den Zähler muß nun die zu bearbeitende Fläche, hier die Kegelmantelfläche eingesetzt werden, deren Größe man aus einem Taschenbuch (z. B. DUBBEL) entnehmen kann. Die Mantelfläche eines Kreiskegels ist $M = \dfrac{\pi}{2}\,(D_2 + D_1)\,L$. Damit erhält man:

$$T_v = \frac{\pi\,(D_2 + D_1)\,L}{2\cdot 1000\,s_u\,v_0} \quad (\text{min}). \tag{29}$$

Die Zeitersparnis bei gleichgehaltener Schnittgeschwindigkeit gegenüber gleichbleibender Drehzahl, in Prozent der letzten ausgedrückt, beträgt

$$e_v = \frac{T_n - T_v}{T_n}\,100\,(\%). \tag{30}$$

Setzt man hierin die Werte aus den Gl. (28) und (29) ein, so erhält man, da sich $\pi$, $L$ und $1000\,s_u\,v_0$ herausheben,

$$e_v = \frac{D_2 - \tfrac{1}{2}(D_2 + D_1)}{D_2}\,100 = \frac{D_2 - D_1}{2\,D_2}\,100 \ (\%). \tag{31}$$

Um den Einfluß der Kegelsteigung zu zeigen, kann man in dieser Gleichung $D_2 = a\,D_1$ setzen und für $a$ verschiedene Zahlen wählen. Man erhält dann, weil $D_1$ sich heraushebt, $e_v = \dfrac{a-1}{2\,a}\,100$, also z. B.

| $a =$ | 1,5 | 3 | 5 | 10 |
|---|---|---|---|---|
| $e_v =$ | 16,7 | 33,3 | 40 | 45% von $T_n$. |

Je größer $a$, d. h. je kleiner $D_1$ im Verhältnis zu $D_2$ wird, um so mehr nähert sich die Zeitersparnis durch Gleichhalten der Schnittgeschwindigkeit dem Werte 50% von $T_n$. Dabei ist aber zu bedenken, daß es bei jeder Drehbank eine höchste Drehzahl gibt, über die man hierbei nicht hinausgehen kann.

**b) Drehen einer Kreisringfläche** mit den Durchmessern $D_1$ und $D_2$. Der Rechnungsgang ist dem unter a) dargestellten ganz ähnlich. Hier wird $L = (D_2 - D_1)/2$ und die zu bearbeitende Kreisringfläche ist $F = \dfrac{\pi}{4} D_2^2 - D_1^2)$. Die Gl. (28) und (29) erhalten damit die Form

$$T_n = \frac{\pi D_2 \dfrac{D_2 - D_1}{2}}{1000\, s_u\, v_0} \quad (28\,\text{a}); \qquad T_v = \frac{\pi (D_2^2 - D_1^2)}{4 \cdot 1000\, s_u\, v_0} = \frac{\pi \dfrac{D_2 + D_1}{2} \cdot \dfrac{D_2 - D_1}{2}}{1000\, s_u\, v_0} . \qquad (29\,\text{a})$$

Die Zeitersparnis wird dann gemäß Gl. (30) und (31):

$$e_v = \frac{T_n - T_v}{T_n} 100 = \frac{D_2 - \dfrac{D_2 + D_1}{2}}{D_2} 100 = \frac{D_2 - D_1}{2\, D_2} 100\ (\%). \qquad (31\,\text{a})$$

Das Ergebnis ist also das gleiche wie unter a). Der Unterschied gegenüber dem abgestumpften Kegel besteht eben nur darin, daß der Vorschub $s_u$ beim Kegel unter einem Winkel kleiner als 90° und beim Plandrehen unter genau 90° zur Werkstückachse gerichtet ist.

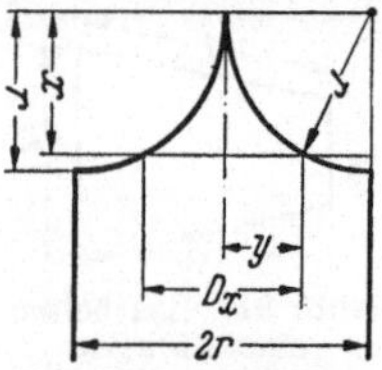

**c) Bearbeiten einer Halbkugelspitze** (Abb. 82). An diesem und an dem Beispiel unter d) soll für interessierte Leser gezeigt werden, wie mit Hilfe der höheren Mathematik auch für schwieriger gestaltete Bearbeitungsflächen die Zeitersparnis durch Gleichhalten der Schnittgeschwindigkeit bestimmt werden kann[1].

Abb. 82. Bearbeiten einer Halbkugelspitze.

Allgemein ist die Drehzeit $T$ die Summe der Teilzeiten für die einzelnen Wegelemente. $s_u$ sei auch weiterhin als gleichbleibend angenommen.

Nach Abb. 80 ist die Schnittdauer $T$ für die Bogenlänge $L$:

$$T = \frac{\pi}{1000\, s_u\, v_0} \int_0^A D_x\, dL \quad (\text{min}). \qquad (32)$$

Hierin ist $D_x$ eine Funktion von $x$, abhängig von der geometrischen Form des Bogens, also allgemein $D_x = 2 y = 2 f(x)$. Ferner ist $dL^2 = dx^2 + dy^2$ und da $\dfrac{dy}{dx} = y' = $ erste Ableitung von $y = f(x)$, $dy^2 = y'^2\, dx^2$. Damit wird $dL = dx \sqrt{1 + y'^2}$, so daß nach Einsetzen dieser Werte für $D_x$ und $dL$ in Gl. (32):

$$T = \frac{2\pi}{1000\, s_u\, v_0} \int_0^A \left[ f(x) \sqrt{1 + y'^2} \right] dx. \qquad (33)$$

Nach Abb. 82 ist nun

$$y = f(x) = r - \sqrt{r^2 - x^2}$$

---

[1] Das Beispiel c) **Halbkugelspitze** läßt sich auch ohne höhere Mathematik auf folgende Weise lösen: Hier ist der größte Durchmesser $D_2 = 2 r$. Man kennt ferner die Bogenlänge $L = \pi r/2$ als Viertelkreis. Weiter läßt sich die Schwerpunktlage dieses Bogens zur Werkstückachse und damit nach der GULDINschen Regel die Mantelfläche der Kugelspitze berechnen, die sich zu $M = \pi^2 r^2 - 2\pi r^2$ ergibt. Dann wird gemäß Gl. (28), (29) und (30):

$$T_n = \frac{\pi 2 r \dfrac{\pi r}{2}}{1000\, s_u\, v_0} = \frac{\pi^2 r^2}{1000\, s_u\, v_0}; \qquad T_v = \frac{\pi^2 r^2 - 2\pi r^2}{1000\, s_u\, v_0};$$

$$e_v = \frac{\pi^2 r^2 - (\pi^2 r^2 - 2\pi r^2)}{\pi^2 r^2} 100 = \frac{2\pi r^2}{\pi^2 r^2} 100 = \frac{2}{\pi} 100\ \%\ \text{von}\ T_n.$$

und die Ableitung hiervon

$$y' = \frac{x}{\sqrt{r^2 - x^2}} \, .$$

Eingesetzt in Gl. (33) wird mit $A = r$

$$T = \frac{2\,\pi}{1000\,s_u\,v_0} \int\limits_0^r \left[ (r - \sqrt{r^2 - x^2}) \sqrt{1 + \frac{x^2}{r^2 - x^2}} \right] dx$$

$$T = \frac{2\,\pi}{1000\,s_u\,v_0} \int\limits_0^r \left[ \frac{r^2}{\sqrt{r^2 - x^2}} - r \right] dx.$$

Die Lösung dieses Ausdrucks ergibt

$$T_v = \frac{2\,\pi\,r^2}{1000\,s_u\,v_0} (\text{arc sin } 1 - 1)$$

$$T_v = \frac{2\,\pi\,r^2}{1000\,s_u\,v_0} \left( \frac{\pi}{2} - 1 \right). \tag{34}$$

Beim Drehen mit gleichbleibender Drehzahl ist nach Gl. (28)

$$T_n \left( \text{für } n = \frac{1000\,v_0}{2\,\pi\,r} \right) = \frac{\pi\,r\,\pi\,r}{1000\,s_u\,v_0}$$

$$= \frac{\pi^2\,r^2}{1000\,s_u\,v_0} \, . \tag{35}$$

Dann ist die Zeitersparnis:

$$\frac{T_n - T_v}{T_n} 100 = \frac{\pi^2\,r^2 - 2\,\pi\,r^2 \left( \frac{\pi}{2} - 1 \right)}{\pi^2\,r^2} 100$$

$$= \frac{2}{\pi} \cdot 100 \approx 64\% \text{ von } T_n.$$

**d)** Bearbeiten eines Paraboloides. Nach Abb. 83 gilt für die Parabel:

$$y = \sqrt{2px}$$

und die Ableitung hiervon:

$$y' = \frac{2p}{2\sqrt{2px}} \, .$$

Die Drehzeit ist dann:

$$T = \frac{2\,\pi}{1000\,s_u\,v_0} \int\limits_0^{2p} \left[ \sqrt{2px} \cdot \sqrt{1 + \left( \frac{p}{\sqrt{2px}} \right)^2} \right] dx$$

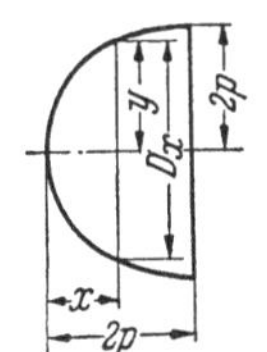

Abb. 83. Bearbeiten
eines Paraboloides.

oder

$$T = \frac{2\,\pi}{1000\,s_u\,v_0} \int\limits_0^{2p} \left[ \sqrt{2px + p^2} \right] dx.$$

Die Lösung des Integrals $\int \left[ \sqrt{2px + p^2} \, dx \right.$ ist

$$\left[ \frac{1}{3\,p} \sqrt{(2px + p^2)^3} \right]_0^{2p} \, .$$

Die Drehzeit bei konstanter Schnittgeschwindigkeit wird damit

$$T_v = \frac{2\,\pi}{1000\,s_u\,v_0} \left[ \frac{1}{3\,p} \sqrt{(4p^2 + p^2)^3} \right] - \frac{2\,\pi}{1000\,s_u\,v_0} \left[ \frac{1}{3\,p} \sqrt{p^6} \right]$$

oder

$$T_v = \frac{2\pi}{1000\, s_u\, v_0}\left[\frac{p^2}{3}\sqrt{125} - \frac{p^2}{3}\right]$$

$$= \frac{2\pi}{1000\, s_u\, v_0}\cdot\frac{p^2}{3}\left(\sqrt{125}-1\right). \tag{36}$$

Beim Drehen mit konstanter Drehzahl errechnet sich die Arbeitszeit nach Gl. (27) zu

$$T_n = \frac{\pi\, D\, L}{1000\, s_u\, v_0}.$$

$D$ ist in dem vorliegenden Beispiel $= 4p$ zu nehmen. Die Bogenlänge $L$ liefert der Ausdruck

$$L = \int\limits_0^{2p} [\sqrt{1 + y'^2}]\, dx = \int\limits_0^{2p}\left[\sqrt{\frac{2px + p^2}{2px}}\right] dx.$$

Die Auflösung dieses Integrals ergibt

$$L = p\left[\sqrt{5} + \frac{1}{2}\ln\left(2 + \sqrt{5}\right)\right].$$

Damit wird

$$T_n = \frac{\pi\, 4p\, L}{1000\, s_u\, v_0} = \frac{4\pi\, p^2\left[\sqrt{5} + \frac{1}{2}\ln\left(2 + \sqrt{5}\right)\right]}{1000\, s_u\, v_0}. \tag{37}$$

Der Zeitgewinn ist dann

$$\frac{T_n - T_v}{T_n}\, 100 = \frac{2\left[\sqrt{5} + \frac{1}{2}\ln\left(2 + \sqrt{5}\right)\right] - \frac{1}{3}\left(\sqrt{125}-1\right)}{2\left[\sqrt{5} + \frac{1}{2}\ln\left(2 + \sqrt{5}\right)\right]}\, 100$$

$$\approx \frac{5{,}9 - 3{,}4}{5{,}9}\, 100 \approx 42\%\ \text{von}\ T_n.$$

Bei der Nachformdrehbank Modell Heycomat der Firma Heyligenstaedt (s. S. 42) ist die Forderung nach einem in Abhängigkeit von dem Drehdurchmesser einzustellenden *Antrieb der Hauptspindel* erfüllt. Im allgemeinen sind die Drehbänke mit Nachformeinrichtung mit einem gestuften Rädergetriebe im Spindelkasten versehen, mit dem sich eine selbsttätige, vom Drehdurchmesser abhängige Drehzahleinstellung nicht oder doch nur mit großem konstruktivem Aufwand verwirklichen läßt.

Bei gleichbleibender Drehzahl ändert sich der Vorschub $s_u$ während des Nachformens nur in geringen Grenzen, wenn der *Vorschubantrieb* von dem Arbeitsspindelgetriebe abgeleitet wird (Gl. 23 ff.). Wird die Drehzahl in Abhängigkeit vom Drehdurchmesser verstellt, bleibt der Vorschub je Umdrehung derselbe, wenn er drehzahlabhängig erzeugt wird. Anders dagegen ist es z. B. bei Maschinen mit hydraulischem Längsvorschub oder besonderen Vorschubmotoren (selbständige Vorschubantriebe). Dann folgt $s_u$ der Gleichung $s_u = \dfrac{\pi\, u\, D}{1000\, v_0}$ (vgl. Abschn. 10).

Es entsteht also eine lineare Abhängigkeit vom Drehdurchmesser, der sich die Veränderung von $u = f(\alpha)$ überlagert.

Selbständige Vorschubantriebe müssen daher auch in Abhängigkeit von dem Drehdurchmesser verstellt werden.

Die zweite in diesem Zusammenhang erhobene Forderung nach der Verstellung des Vorschubes in Abhängigkeit von der gewünschten *Oberflächengüte* ist zwar von den vorhandenen Konstruktionen noch nicht restlos erfüllt. Es gibt jedoch eine Reihe von Teillösungen, die gegenüber dem früher Üblichen doch einen erheblichen Fortschritt bedeuten. Einige Konstruktionen besitzen eine Einrichtung zum Halbieren des Vorschubes. Umgeschaltet wird durch Anschläge, die dem Werkstück entsprechend verstellt werden können. Diese Einrichtung ist bei jenen Nachformeinrichtungen vom Typ *hy* wichtig, die mit der Drehbankachse einen Winkel von 60° einschließen, da bei dieser Anordnung die Vorschubgeschwindigkeit beim Plandrehen doppelt so groß wird wie beim Langdrehen. Andere Drehbänke haben Einrichtungen, um mehrere Vorschübe (z. B. 5) wahlweise durch Anschläge anzusetzen. Wichtig ist auch die bei manchen Bänken bestehende Möglichkeit, Teile des Werkstückes, die nicht bearbeitet werden sollen, im Eilgang zu überspringen.

**18. Maßnahmen zur Verringerung der Nebenzeiten. a)** Der Kreisprozeß. Der Vorteil des Nachformdrehverfahrens ist ja, wie bereits erwähnt, hauptsächlich in der Verringerung der Nebenzeiten zu suchen. Wenn bei einigen Nachformdrehbänken auch die Hauptzeiten durch entsprechende Maßnahmen verkürzt werden konnten, so liegt doch der Hauptgrund für die wachsende Beliebtheit des Nachformdrehens darin, daß die für das Umstellen des Schneidmeißels auf einen anderen Durchmesser, für das Nachmessen, für das Nachrichten des Meißels, für das Umschalten von Lang- auf Plandrehen und für ähnliche Arbeitsgänge anfallenden Nebenzeiten fortfallen. Dazu kommt nebenbei der weitere Vorteil, daß der Ausschuß erheblich geringer wird.

Damit sind aber noch nicht alle Nebenzeiten beseitigt. Bei einer einfachen Drehbank mit Nachformeinrichtung muß der Bettschlitten nach wie vor in seine Anfangsstellung zurückgefahren oder der Meißel, falls mehrere Schnitte erforderlich sind, nach jedem Schnitt wieder von Hand in seine Ausgangsstellung gebracht werden. Für das Ein- und Ausspannen des Werkstückes sind vielfach auch erhebliche Zeiten notwendig. Das Bestreben der Drehbankbauer geht nun dahin, bei diesen Vorgängen Einsparungen an Nebenzeiten zu erzielen. Ein wichtiges Mittel hierfür ist der Kreisprozeß.

Unter „Kreisprozeß" soll eine Getriebeschaltung verstanden werden, die selbsttätig den Schneidmeißel nach beendigtem Schnitt im Schnellgang in die Anfangsstellung zurückführt, ihn in die für den nächsten Schnitt erforderliche Ausgangsstellung bringt, diesen Schnitt ablaufen läßt und das Spiel solange wiederholt, bis die gewünschte Umrißlinie aus dem Rohteil herausgearbeitet ist.

Grundsätzlich läßt sich dies auf mehreren Wegen erreichen. Entweder wird der Schneidmeißel bei jedem Schnitt von der Schablone so gesteuert, daß er eine Schar paralleler Schnitte ausführt, oder aber die Schablone

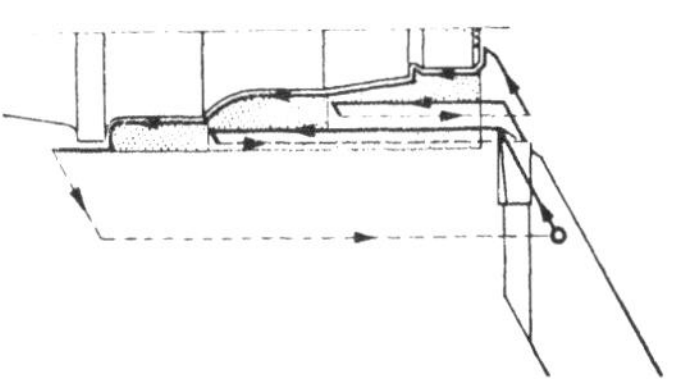

Abb. 84. Wege des Schneidstahles beim Kreisprozeß (Fischer).

wird nur für den letzten Fertigschnitt benutzt, während die vorhergehenden einfache Längs- bzw. Plandreharbeitsgänge sind (Abb. 84). Schließlich kann für jeden Schnitt eine besondere Schablone vorgesehen werden, die dann in den Wirkungsbereich des Tasters gebracht wird, wenn der Schneidmeißel zu dem dazugehörigen Schnitt ansetzt. Mit diesem Ablauf des Arbeitsvorganges wird die Nachformdrehmaschine grundsätzlich ein Halbautomat. Nach dem Einrichten beschränkt sich die Bedienung auf das Ein- und Ausspannen des Werkstückes und das Einrücken der Maschine.

Einige interessante konstruktive Lösungen für die Schaltung des Kreisprozesses zeigen die folgenden vier Beispiele.

1. Ausführung GEORG FISCHER: Diese Nachformdrehmaschine[1] benutzt eine Einrichtung, die es gestattet, während des Drehens den einmal eingestellten Vorschub zu halbieren. Für das Umschalten des Vorschubes auf seinen halben bzw. doppelten Wert wird eine besondere Steuerschablone verwendet.

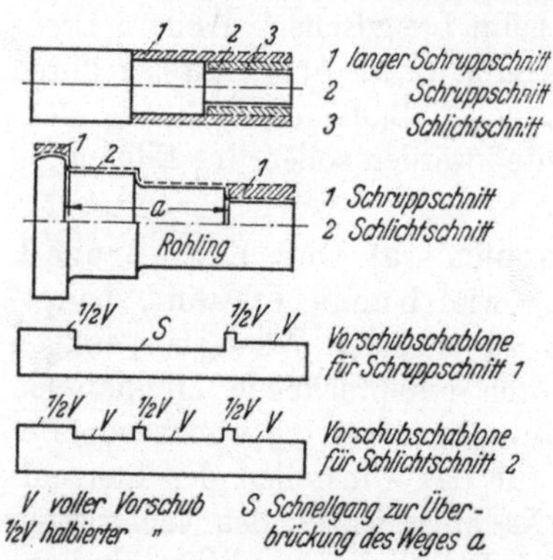


Abb. 85. Bearbeiten eines Werkstückes mit Form- und Vorschubschablonen (Fischer).

Das Werkstück (Abb. 85) soll mit 2 Schruppschnitten und einem Schlichtschnitt bearbeitet werden. Es sind daher 2 Formschablonen und entsprechend 2 Vorschubschablonen erforderlich. Sämtliche Schablonen werden leicht auswechselbar auf einem kippbaren Schablonenträger befestigt. Die Formschablonen bestimmen neben der Form auch die Schnittiefe, die Vorschubschablone die Einstellung des vollen bzw. halben Vorschubes. Durch Betätigen des Schalters 5 (Abb. 86) wird der Vorschub umgeschaltet.

Die Länge des Drehweges wird von Anschlägen begrenzt, die in Verbindung mit einigen Sondereinrichtungen den Kreislauf — Stillsetzen des Grundschlittens nach beendigtem Schnitt, Rückzug des Nachformschlittens, Rücklauf des Grundschlittens in die Ausgangsstellung, Vorlauf des Nachformschlittens zum nächsten Schnitt, Wiederanstellen des Grundschlittens — in Gang setzen (Abb. 86).

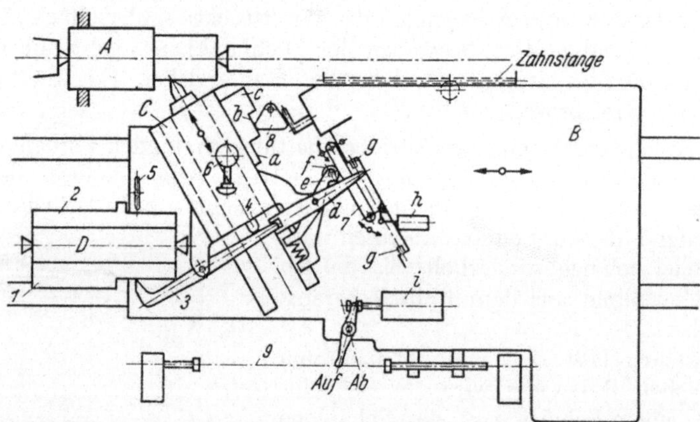


Abb. 86. Getriebeschema zur Erzeugung des Kreisprozesses bei der Nachformdrehmaschine Modell KDM (Fischer). A Werkstück; B Grundschlitten (V. S.); C Nachformschlitten (N. S.); D Kippschablonenträger. — 1 Formschablone; 2 Vorschubschablone; 3 Tasthebel; 4 Steuerstift; 5 Vorschubumschalter; 6 Automatik-Steuerventil; 7 Parallelogramm für Zustell- u. Rückwärtsbewegung des N. S.; 8 Vorschubsteuerung; 9 Einstellung der Weglänge. — a Längsvorschub; b Halt des V. S.; c Schnellrückgang des V. S.; d Hilfstasthebel; e Hebel unter Federdruck; f Rolle; g Anschläge für N. S.; h Ventil für Betätigung des Parallelogramms 7; i Verteilventil für Parallelogramm und V. S.-Steuerung.

Wie aus der Zeichnung zu ersehen ist, wird durch die Längsanschläge ein Kipphebel umgelegt, der das Ventil i betätigt. Der Tasthebel 3 ist gelenkig mit einem Kipphebel d verbunden, dessen Ende zwischen den Anschlägen g für die Wegbegrenzung des Nachformschlittens liegt. Ein unter Federdruck stehender Hebel e

---

[1] Vgl. „Neue Zürcher Zeitung", Beilage Technik, Nr. 1802 vom 22. Aug. 1951: METTLER, E., Fortschritte im Bau von Kopier-Drehmaschinen.

drückt auf diesen Kipphebel *d*, ruht aber gleichzeitig mit seiner Rolle *f* auf einer Gleitschiene 7, die mit 2 Lenkern an den Grundschlitten angelenkt ist. Dieses Parallelogramm wird von dem Ventil *h* in seiner Lage festgehalten.

Ist der Grundschlitten mit seinem Nachformschlitten nach beendigtem erstem Schnitt in seiner linken Endlage angekommen, wird durch Längsanschläge das Ventil *i* und damit auch das Ventil *h* betätigt. Das Parallelogramm 7 wird so verdreht, daß jetzt der Hebel *e* auf den Hebel *d* einen Druck ausübt. Dadurch wird der Tasthebel im Sinne einer Durchmesservergrößerung verschwenkt, d. h. der Nachformschlitten fährt zurück.

An dem Nachformschlitten ist eine Anschlagleiste *a*, *b*, *c* angebracht, die auf die Vorschubsteuerung 8 einwirkt. Durch den Rücklauf erhält diese bei *c* einen Impuls zum Einschalten des schnellen Rücklaufes des Grundschlittens, während die Rückzugbewegung des Nachformschlittens nach Erreichen des unteren Anschlages *g* zum Stillstand kommt. Hat der Grundschlitten die rechte Endlage erreicht, wird wiederum Ventil *i* und *h* betätigt. Die Leiste 7 drückt den Hebel *e* zurück. Der ursprüngliche Zustand ist wiederhergestellt, d. h. der Nachformschlitten fährt solange vor, bis der Tasthebel die inzwischen in Taststellung umgeschaltete zweite Formschablone berührt.

Wenn die Vorschubsteuerung 8 auf die Kante *a* aufläuft, wird der Längsvorschub wieder eingeschaltet. Der Kreislauf ist geschlossen. Ist die Arbeit beendet, wird durch das Automatik-Steuerventil 6 der Bewegungsablauf unterbrochen.

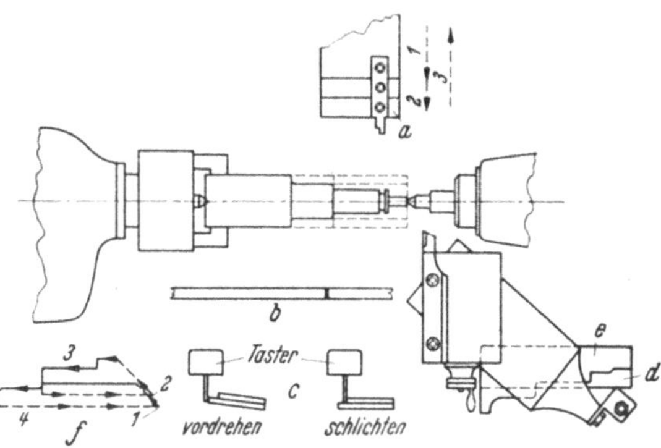

Abb. 87. Bearbeiten eines Werkstückes mit Schrupp- und Schlichtschablone (Monarch). *a* hinterer Querschlitten (kann zu einem beliebigen Zeitpunkt bei irgendeiner Stellung des vorn angeordneten Nachformschlittens zusätzlich angesetzt werden, 1 schnelles Heranführen, 2 Schnitt, 3 schneller Rückgang); *b* zweifacher Vorschubweg für den Hauptschlitten; *c* Taster- und Schablonenstellung beim Vordrehen und Schlichten; *d* Schablone für das Vordrehen; *e* Schablone für das Schlichten; *f* Kreislauf des Nachformschlittens (1 Ende des Schlichtens, Beginn des Vordrehens, 2 Ende des Vordrehens, Beginn des Schlichtens, 3 Schnitt, 4 Rückgang).

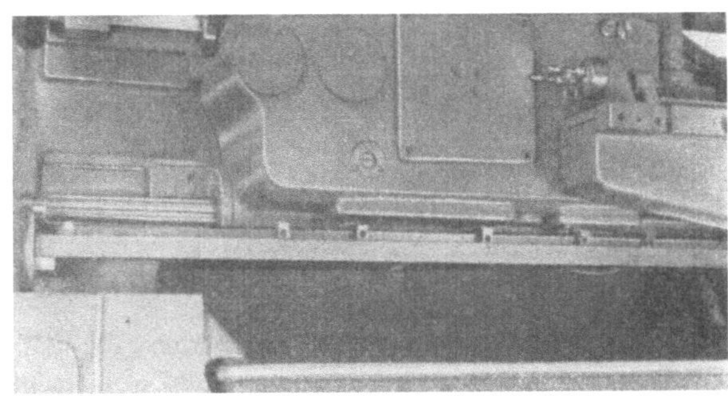

Abb. 88. Einstellen von 5 verschiedenen Vorschüben während des Betriebes durch Anschläge und Kontakte (Monarch).

2. Ausführung Monarch: Während die Steuereinrichtung der Fischer-Nachformdrehmaschine ausschließlich mit mechanischen und hydraulischen Elementen arbeitet, wird der geschlossene Kreislauf bei der Monarch-Nachformeinrichtung durch Verwendung elektrischer Schaltungen bewirkt.

Bei der nach dem System *meSPek—meSPek* arbeitenden und bei der mit einem hydraulisch bewegten Schrägschlitten ausgerüsteten Bauart wird der Vorschub von elektronenröhrengesteuerten Vorschubmotoren erzeugt (Abb. 87). Umschalten auf schnellen Rücklauf und Wechsel des Vorschubes geschieht elektrisch. Unterhalb des Bettschlittens sitzt ein Kontakt, der von Anschlägen betätigt wird, die auf eine am Bett befestigte Leiste an beliebiger Stelle aufgesetzt werden können. An einer in Reichweite des Arbeiters befindlichen Schalttafel lassen sich fünf verschiedene Vorschübe vorwählen, deren Größe stufenlos einstellbar ist. Durch Betätigen des Kontaktes wird dann jeweils der nächste Vorschub eingeschaltet, so daß an fünf beliebigen Stellen des Werkstückes ein anderer Vor-

Abb. 89. Ersatz der Schablone durch Anschläge bei Bearbeitung zylindrisch abgesetzter Wellen (Monarch).

schubwert eingestellt wird. Eine besondere Vorschubschablone ist nicht erforderlich (Abb. 88).

Wenn Drehkörper zu bearbeiten sind, die sich aus Zylindern verschiedener Durchmesser zusammensetzen, so daß nur Längs- und Planbewegungen in Frage

Abb. 90. Anschläge für das Einschalten der Vorschübe bei Modell Heycomat (Heyligenstaedt).

kommen, kann bei den Monarch-Drehbänken eine Schaltung vorgesehen werden, die die Verwendung von Schablonen oder Musterwerkstücken ganz entbehrlich macht. Auf dem Schablonenträger werden statt der Schablone beliebig Halter aufgesetzt. Diese Halter sind für die Aufnahme von Meßstücken aus Flachstahl oder Mikrometerschrauben eingerichtet (Abb. 89).

Die Anlage ist derart geschaltet, daß der Schneidmeißel solange parallel zur Drehbankachse läuft, bis der Taster an eine Anschlagleiste stößt. Der Schlitten läuft dann in Planrichtung zurück, bis der Taststift keinen Widerstand mehr findet. In diesem Augenblick setzt wieder die Längsbewegung ein.

3. Ausführung Heyligenstaedt (Modell *Heycomat*): Hier lassen sich vier verschiedene Vorschübe stufenlos vorwählen, außerdem kann noch ein Sprungvorschub, also ein Eilvorlauf oder Eilrücklauf eingeschaltet werden. Die Vorschübe treten selbsttätig an den gewünschten Stellen in Tätigkeit, ausgelöst durch Anschläge, die an der Rückseite des Bettes angeordnet sind (Abb. 90). Die Spantiefen werden auf der Spantiefentrommel des Bettschlittens eingestellt (Abb. 91); für die jeweiligen Drehlängen sind auf der Rückseite des Bettes Längsanschläge vorhanden, die gleichzeitig den Eilrücklauf einschalten.

Der Arbeitsablauf geht nun folgendermaßen vor sich (Abb. 91): Nach dem Einschalten hat der Nachformschieber das Bestreben, vorzulaufen, bis der Taster die Schablone berührt. Der Spantiefenanschlag begrenzt diese Bewegung, so daß bei eingeschaltetem Längsvorschub der erste Span abgenommen wird, solange bis der Bettschlitten gegen den Längsanschlag fährt. Durch das Berühren dieses Anschlages wird der Eilrücklauf eingeschaltet. Wenn der Bettschlitten in seiner Ausgangslage angekommen ist, fährt der Nachformschlitten vor, bis er in seiner Bewegung von dem zweiten Spantiefenanschlag begrenzt wird. Das Spiel wiederholt sich, bis der Nachformschlitten schließlich bis zur Schablone vorfahren kann und der Drehmeißel nunmehr, von der Schablone gesteuert, die Umrißlinie des Werkstückes aus dem vorgearbeiteten Drehkörper herausdreht. Insgesamt können 5 Späne abgedreht werden. Nach Erledigung des letzten Arbeitsganges fährt der Nachformschlitten in seine Ausgangslage zurück, wobei die ganze Maschine still gesetzt wird.

4. Ausführung Ernault Batignolles: Bei der Nachformdrehmaschine Modell *Pilote* ist der Schablonenhalter drehbar ausgeführt. Es können mehrere Schablonen eingespannt werden, die den einzelnen Arbeitsgängen entsprechen. Sobald ein Kreislauf des Drehmeißels beendet ist, dreht sich der Schablonenhalter, so daß eine andere, dem nächsten Schnitt entsprechende Schablone abgetastet werden kann (Abbildung 92).

b) Zusätzliche Werkzeugträger. Bei Dreharbeiten ist es wünschenswert, alle notwendigen Arbeitsgänge in einer Aufspannung zu erledigen. Nun lassen sich ja nicht alle Konturen mit dem Nachformdrehverfahren darstellen. Einstiche für Seegerringe sind beispielsweise nicht nachformfähig, Gewinde sind gesondert zu schneiden, mit den meisten Nachformsystemen können auch keine rechts- und linksseitigen Planflächen in einer Aufspannung bearbeitet werden, u. a. m. Für solche Arbeiten ist ein zweiter Drehmeißel erforderlich, der unabhängig von der Nachformeinrichtung angesetzt werden kann.

An Universaldrehbänken mit Nachformeinrichtung wird vielfach zu diesem Zweck auf dem durchgehenden Unterschlitten ein zweiter Meißelhalter aufgesetzt.

Abb. 91   Spantiefenanschlag am Modell Heycomat (Heyligenstaedt).

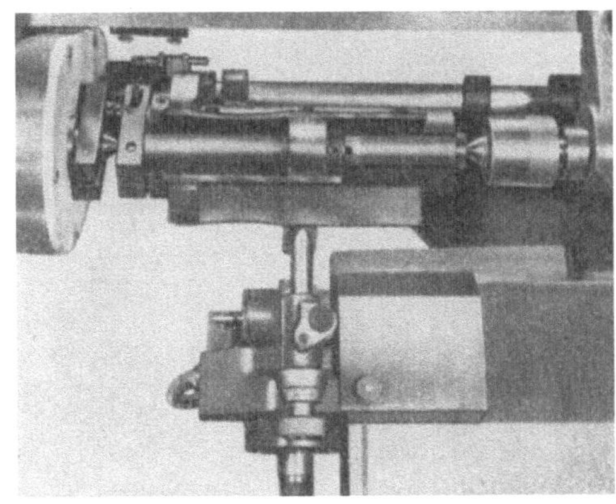

Abb. 92. Drehbare Schablonenhalter (Ernault-Batignolles).

Dieser Meißelhalter kann natürlich nur vor oder nach dem Nachformen in Tätigkeit treten, da er wegen des gemeinsamen Unterschlittens einen festen und gleichbleibenden Abstand zum Nachformschlitten hat.

Nachformdrehmaschinen und einige besonders für das Nachformdrehen eingerichtete Universaldrehbänke haben für den zweiten Meißelhalter einen Schlitten, der sich unabhängig von dem den Nachformschieber tragenden Schlitten auch in der Längsrichtung bewegen kann. Man findet Bauarten, die von Hand in eine bestimmte Stellung gebracht werden müssen und nur eine selbsttätige Planbewegung ausführen können, und solche, die mit einem unabhängigen Längs- und Planzug ausgestattet sind (Abb. 93 bis 96).

Abb. 93. Hand-Einstechapparat an der Nachformdrehmaschine (Fischer).

Die vorstehend beschriebenen Einrichtungen sind hauptsächlich für Planarbeiten, Einstiche und dgl. gedacht bzw. nur dafür eingerichtet. Demgegenüber steht die Anordnung des Doppelmeißelhalterschlittens mit und ohne Selbstgang. Hierbei sitzen der Nachformschieber und der zweite Meißelhalter auf zwei Unterschiebern, die zwar auf einem gemeinsamen Bettschlitten angeordnet sind, sich jedoch in Planrichtung unabhängig voneinander bewegen können.

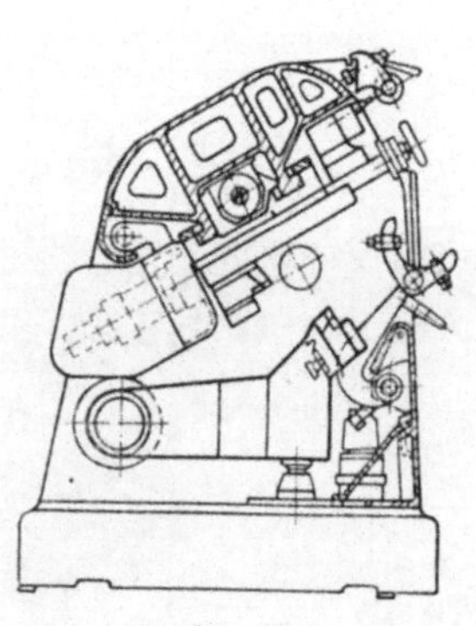

Abb. 94 a.

Abb. 94 b.

Abb. 94 a u. b.    Schwingstahlhalter für zusätzliche Werkzeuge an der Nachformdrehmaschine CM 250 (Heidenreich & Harbeck).

Damit können in gewissen Grenzen ein Nachform- und ein einfacher Plan- oder Längsdreharbeitsgang gleichzeitig ausgeführt werden. Damit werden nicht nur Nebenzeiten, sondern auch Hauptzeiten eingespart (Abb. 97 und 98).

c) Selbsttätige Spannmittel. Nachdem mit Hilfe des Nachformdrehens Nebenzeiten, wie Nachmessen, Meißelanstellen usw. von vornherein entfallen, oder durch entsprechende Zusatzeinrichtungen erheblich verringert werden, treten die übrigbleibenden Ein- und Ausspannzeiten besonders hervor. Es ist daher natürlich, wenn die an sich bekannten selbsttätigen Spannfutter oder Zangen gerade auch

bei den Nachformdrehbänken zu finden sind. Besondere Anschläge in der Arbeitsspindel bzw. im Futter sorgen dafür, daß die Werkstücke immer in der gleichen
Lage eingespannt werden, damit die Schablone oder der Drehmeißel nicht nach-

Abb. 95. Oberer Schlitten der Drehbank
Pilote für zusätzliche Werkzeuge
(Ernault-Batignolles).

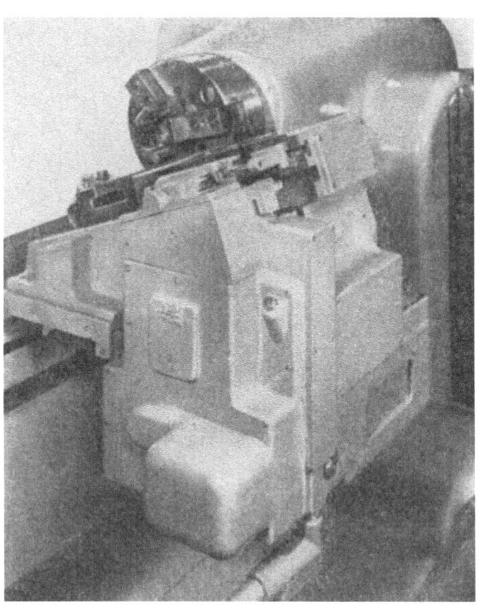

Abb. 96. Selbständiger Zusatzschlitten auf dem
Bett der Nachformdrehmaschine Mona-Matik mit
eigenem Motor für Vorschub- u. Planbewegung
(Monarch).

gestellt zu werden brauchen
(Abb. 99 und 100).

Hydraulisch oder pneu-
matisch betätigte Reit-
stockspindeln erleichtern
ebenfalls die Arbeit des
Ein- und Ausspannens. Der
Dreher braucht nur das
Werkstück in die Spitzen-
linie zu halten. Die fuß-
betätigte Reitstockspindel
schiebt es dann gegen den
Anschlag in der Spann-
einrichtung, die ihrerseits
das Werkstück selbsttätig
spannt (Abb. 101).

Bei der Nachformdreh-
maschine Modell C 250

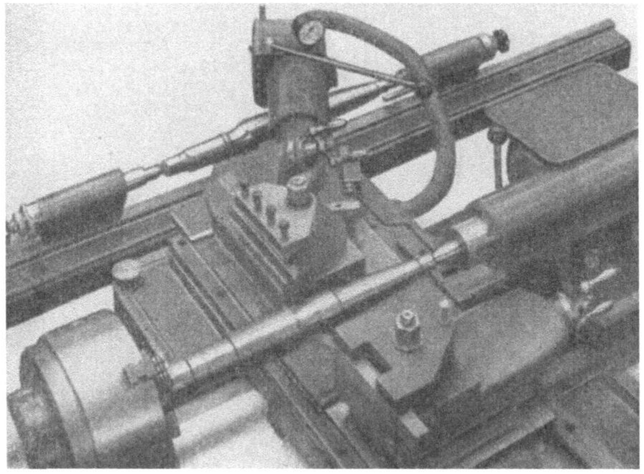

Abb. 97. Nachformeinrichtung mit zusätzlichem zweitem
Stahlhalterschlitten (Schaerer).

(Heidenreich & Harbeck) übernimmt die Maschine sogar das Einlegen des Werkstückes mit Hilfe eines hierfür vorgesehenen Hebearmes (Abb. 102).

Es leuchtet ein, daß insbesondere die Nachformdrehmaschinen mit allen zu
Gebote stehenden Hilfsmitteln ausgerüstet sind, um die Nebenzeiten auf ein Minimum zu verkürzen. Aber auch bei den Universaldrehbänken mit Nachformein-

richtungen gibt es vielfach solche zeitsparenden Einrichtungen, bzw. lassen sich als Sonderausstattung einbauen.

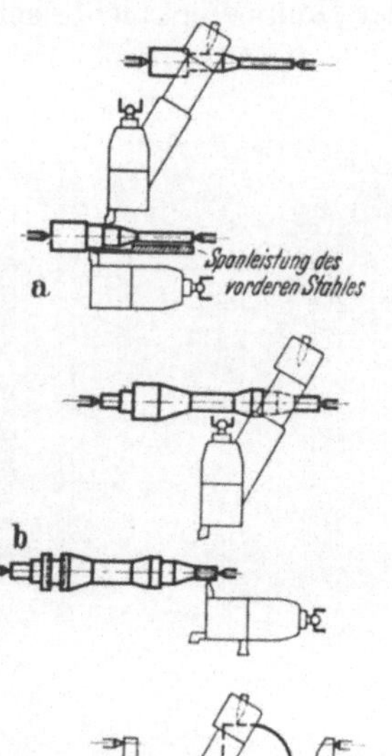


Abb. 98.

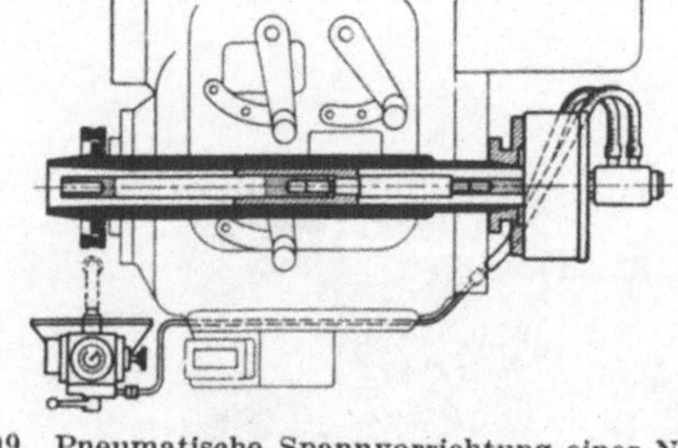

Abb. 99.  Pneumatische Spannvorrichtung einer Nachformdrehmaschine (Fischer).

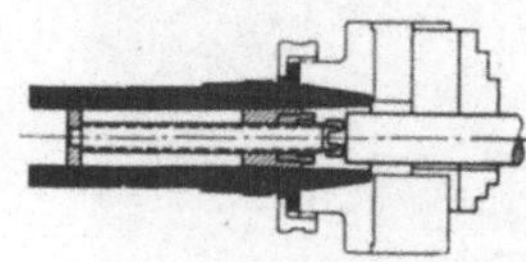

Abb. 100. Verstellbarer Anschlag in der Hauptspindel für Werkstücke ohne geeignete Schultern für die Aufnahme im Dreibacken-
futter (Fischer).

Abb. 98.  Prinzipskizzen für die Bearbeitung von Werkstücken mit
Nachformeinrichtung und Zusatzschlitten nach Abb. 97 (Schaerer).
*a* Längsnachformen einer Welle mit dem Nachformschlitten, gleichzeitig Vorschruppen mit dem Zusatzschlitten; *b* Längsnachformen
einer Welle mit dem Nachformschlitten, in derselben Aufspannung
Gewindeschneiden und Nuteeinstechen mit dem Zusatzschlitten;
*c* Längsinnennachformen eines Diffusors mit dem Nachformschlitten,
in derselben Aufspannung Vorschruppen der Stirnfläche und gleichzeitig Überdrehen des Außendurchmessers mit dem Zusatzschlitten;
*d* Plannachformen eines Pumpenlaufrades mit dem Nachformschlitten,
in derselben Aufspannung gleichzeitig Ausdrehen der Bohrung mit
dem Zusatzschlitten. Hierfür Selbstgang erforderlich.

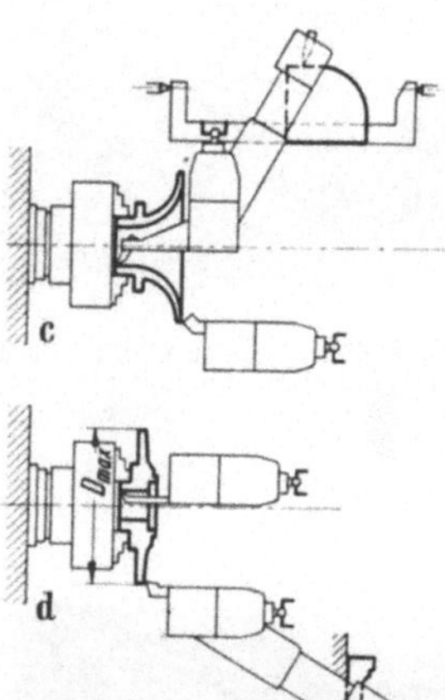

Abb. 101. Durch Fußschalter betätigter
elektrisch verfahrbarer Reitstock der
Nachformdrehmaschine Bauart
FISCHER.

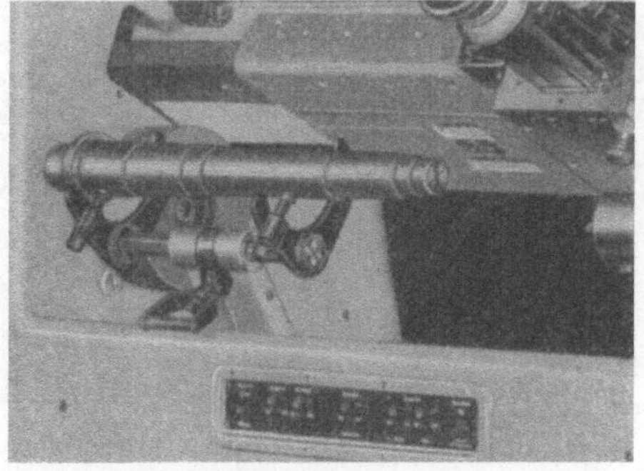

Abb. 102.  Einlegevorrichtung für Werkstücke
(Heidenreich & Harbeck).

## E. Beurteilung der Nachformdrehverfahren.

Entscheidend für die Wahl einer bestimmten Drehbank und weiterer die Arbeitszeiten verkürzenden Sondereinrichtungen wird immer die Frage sein, wieweit eine

Werkstatt die Maschine tatsächlich ausnutzt. Die Nachformdrehmaschinen mit allen ihren Sondereinrichtungen sind im Vergleich zu einer Universaldrehbank mit Nachformeinrichtung natürlich kostspieliger. Auch bei den Universaldrehbänken finden wir teure und billige Ausführungen. Welche Maschine für den einzelnen Betrieb zweckmäßig ist, kann nur von Fall zu Fall entschieden werden. Im folgenden sind für diese individuell zu treffende Entscheidung einige Hinweise gegeben.

**19. Genauigkeit und Leistung.** Die Frage nach der Genauigkeit des Nachformdrehens gibt oft Anlaß zu Mißverständnissen, wenn nicht klar gesagt wird, welche Art der Genauigkeit gemeint ist. Es lassen sich drei Arten der Genauigkeit unterscheiden. Das sind

die Nachfahrgenauigkeit,
die Nachformgenauigkeit,
die Nachformmaßgenauigkeit.

Die *Nachfahrgenauigkeit* wird gekennzeichnet durch die Abweichung in der Parallelität von Meißelbewegung und Schablonenkante. Sie kann gemessen werden, indem eine Meßuhr zum Abtasten der Schablone neben den Taster auf den Nachformschlitten gesetzt wird. Der Ausschlag der Meßuhr ist dann ein unmittelbares Maß für die Genauigkeit, mit der der Nachformschlitten der Schablone folgt, vorausgesetzt, daß die Strecke der Schablonenkante zwischen Taster und Meßuhr wirklich eine Gerade ist (Abb. 103). Die Nachfahrgenauigkeit ist also ein Maßstab für die Güte der Nachformeinrichtung an sich. Sie sagt jedoch nichts aus über die Genauigkeit, mit der die Werkstücke wirklich hergestellt werden können. Die Nachfahrgenauigkeit wird von den Herstellern mit einigen $\mu$ angegeben. Sie ist

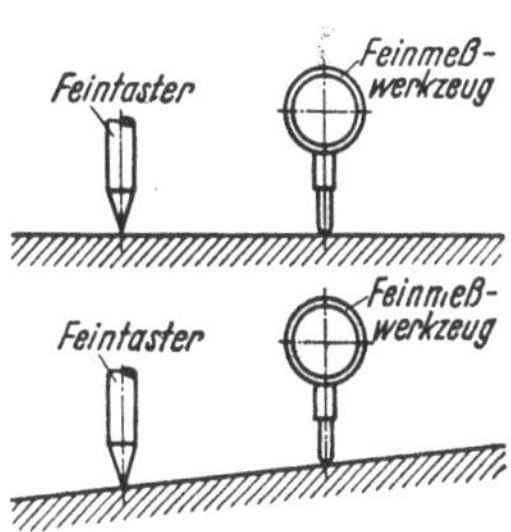


Abb. 103. Messen der Nachfahrgenauigkeit (VDF).

für sich allein nicht entscheidend für die Güte der Nachformdrehbank als Ganzes. Wichtiger sind die Nachformgenauigkeit und die Nachformmaßgenauigkeit.

Die *Nachformgenauigkeit* sei durch die Abweichung der Abmessungen zweier gleichartiger, im Nachformverfahren hergestellter Werkstücke gekennzeichnet, dagegen sei die *Nachformmaßgenauigkeit* der Maßunterschied zwischen Werkstück und Musterstück.

Beide Genauigkeiten spiegeln nicht nur die Fehler der Nachformeinrichtung an sich, sondern auch diejenigen der Drehbank wider. Ihr Unterschied besteht im wesentlichen darin, daß bei der Nachformgenauigkeit noch der Einfluß der Werkzeugabnutzung hinzukommt. Die Werkzeugabnutzung ist ihrerseits wiederum abhängig von der Anzahl der bearbeiteten Werkstücke und von der Schnittgeschwindigkeit, die sich ja laufend ändern kann, sofern die Drehbank mit gleichbleibender Drehzahl der Arbeitsspindel arbeitet.

Für den Fertigungsingenieur ist nur die Frage interessant, mit welcher Genauigkeit die Werkstücke untereinander oder im Vergleich zum Musterstück von der Maschine kommen. Diese Genauigkeit liegt heute bei guten Nachformdrehbänken zwischen $\pm 0,01 \cdots 0,03$ mm. Diese Werte setzen natürlich eine erhebliche größere Genauigkeit der Nachformeinrichtung an sich (Nachfahrgenauigkeit) voraus. Die Nachfahrgenauigkeiten liegen im Mittel etwa bei $5\,\mu$.

Bei der Entscheidung über die Beschaffung einer Drehbank mit Nachformeinrichtung ist daher nicht nur auf eine hochwertige Nachformeinrichtung Wert zu legen, sondern gleichzeitig auch an die Qualität der Drehbank zu denken. Eine gute Nachformeinrichtung kann die Fehler einer schlechten Drehbank nicht ausgleichen.

Im übrigen soll man die Genauigkeitsforderungen nicht zu hoch schrauben. Eine Nachformmaßgenauigkeit von 0,02 bis 0,03 mm reicht bei den meisten Bearbeitungsaufgaben vollkommen aus. Wenn die Nenndurchmesser nicht zu klein sind, lassen sich mit einer derartigen Genauigkeit bereits Paßsitze herstellen. In vielen Werkstätten werden die Paßsitze geschliffen, so daß von der Drehbank nur die für Schleifzugaben erforderlichen Abmaße verlangt zu werden brauchen. Im allgemeinen gilt ja die Regel, daß man mit möglichst groben Toleranzen fertigen soll, um die Herstellkosten klein zu halten. Es dürfte daher eine einfache und betriebssicher arbeitende Nachformeinrichtung mit einer Nachformmaßgenauigkeit von $\pm$ 0,02 mm einer verwickelteren mit einer höheren Genauigkeit im allgemeinen vorzuziehen sein.

Wichtig für die Beurteilung der Leistungsfähigkeit des Nachformdrehverfahrens ist auch das Verhältnis der Kraft, die der Taststift auf die Schablone ausübt, zu dem Widerstand, den der Schneidmeißel der Schnittkraft entgegenstellt. Je kleiner diese Kennziffer ist, d. h. je kleiner die Andrückkraft des Tasters und je größer der Widerstand des Schneidmeißels gegen Lageveränderung durch die Zerspanungskräfte sind, desto genauer wird

Abb. 104. Meißelhalter einer Drehbank mit Nachformeinrichtung (Heidenreich & Harbeck).

die ganze Anlage arbeiten. Die Kräfte am Taster sind am geringsten bei den elektrischen Systemen, bei denen sie nur einige Gramm ausmachen, während sie bei hydraulischen Nachformeinrichtungen in der Größenordnung von 100 g liegen. Der Widerstand des Schneidmeißels gegen Ausweichen unter Schnittdruck ist nicht nur wegen der Arbeitsgenauig-

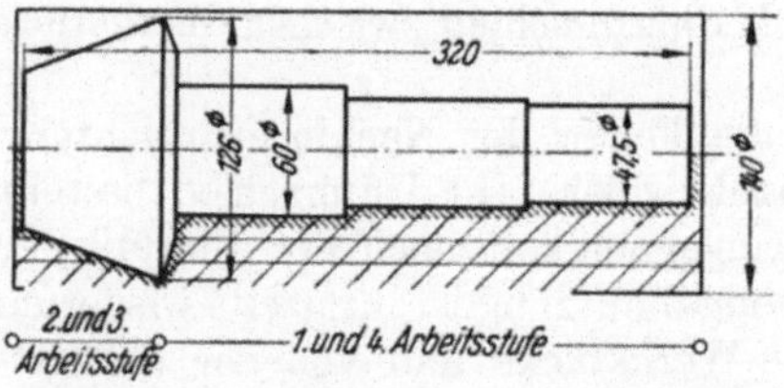

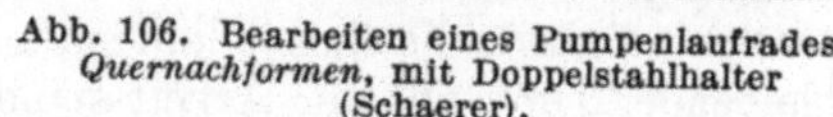


Abb. 105. Bearbeiten einer Schaftwelle mit Kegelrad: *Längsnachformen* (Schaerer). Grobschraffur: 3 Schruppspäne mit 2 Drehstählen; Feinschraffur: Schlichtspan mit Nachformstahl.

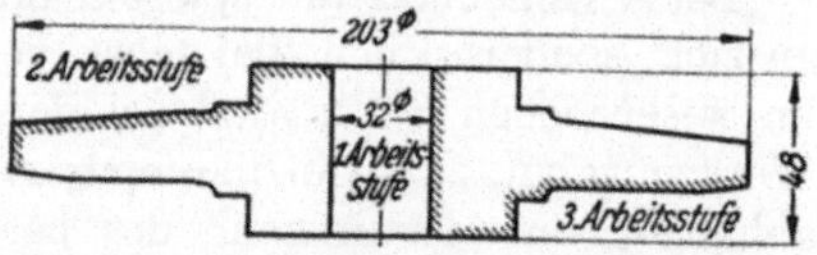

Abb. 106. Bearbeiten eines Pumpenlaufrades *Quernachformen*, mit Doppelstahlhalter (Schaerer).

keit wesentlich, sondern auch wichtig in Hinblick auf die Standzeit der Schneide. Bei den größeren Anforderungen des Nachformdrehens sind besonders kräftige Meißelhalter und Meißel erforderlich (Abb. 104).

**20. Wirtschaftlichkeit.** Die Wirtschaftlichkeit einer Drehbank mit Nachformeinrichtung ist von zahlreichen Faktoren abhängig, die im Einzelfall genau zu untersuchen sind. Einer von ihnen ist die Form des Werkstückes. Der Zeitgewinn durch Nachformdrehen im Vergleich zum gewöhnlichen Drehen wird um so größer, je verwickelter das betreffende Teil ist. Die dargestellten Beispiele aus der Praxis (Abb. 105 bis 109) geben einen Begriff von den unterschiedlichen Ersparnismöglich_

keiten an Arbeitszeit. Hierbei ist zu berücksichtigen, ob mit der Drehbank nur
ein einfaches Nachformdrehen möglich ist, oder aber ob durch zusätzliche Einrichtungen, die etwa ein gleichzeitiges Ablaufen von zwei Arbeitsgängen gestatten
(2 Meißelhalter), weitere Einsparungen vorgenommen werden können.

Auch die Stückzahl spielt eine gewisse Rolle. Zwar beginnt die Wirtschaftlichkeit des Nachformdrehens streng genommen schon bei zwei gleichen Werkstücken.
Im allgemeinen lohnt sich das Verfahren aber doch erst bei etwa 5···10 Teilen
oder mehr, zumal wenn erst eine Blechschablone hergestellt werden muß. Maßgeblich für die Frage, ob sich eine Nachformeinrichtung bezahlt macht, ist schließlich auch der Anschaffungspreis. Wie bereits im vorigen Abschnitt angedeutet,
tut eine einfache und entsprechend billige Anlage in den meisten Fällen durchaus
ihre Dienste.

Wichtig für die Betrachtung der Rentabilitätsfrage ist die Tatsache, daß eine
Drehbank durch das Nachformdrehen wesentlich mehr beansprucht wird als bei
dem üblichen Drehverfahren. Wie bereits hervorgehoben, werden durch das Nachformen hauptsächlich Nebenzeiten eingespart, während die Laufzeiten etwa

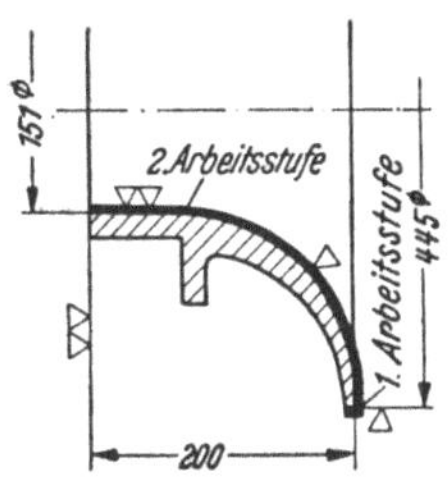

Abb. 107. Bearbeiten
eines Diffusors, *Quernachformen*, mit Doppelstahlhalter (Schaerer).

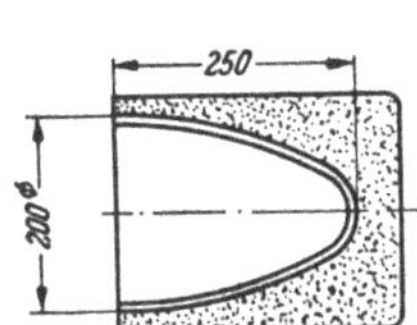

Abb. 108. Bearbeiten
einer Matrize, *Längsnachformen innen*, mit Doppelstahlhalter (Schaerer).

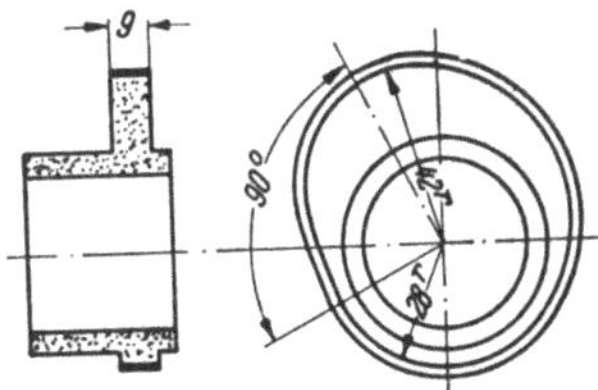

Abb. 109. Bearbeiten einer Anschlagkurve: *Unrundnachformen*
(Schaerer). Größte Neigung = 14 mm
auf 90° ergibt für diese Verhältnisse
eine größte Drehzahl $n = 130$ U/mm.

gleichbleiben. Eine Drehbank mit Nachformeinrichtung läuft also in dem Verhältnis mehr, wie sich die Gesamtarbeitszeiten vermindert haben. Wenn z. B. ein
Werkstück im Nachformdrehverfahren in der halben Zeit hergestellt werden kann,
so läuft die Drehbank in einer Schicht dann doppelt so lange und wird dementsprechend auch doppelt so stark abgenutzt. Man sollte daher bei der Beschaffung
einer Drehbank mit Nachformeinrichtung besonders auf die Qualität der Maschine
achten. Nur neuzeitliche Konstruktionen, die im Hinblick auf das Nachformdrehen
entsprechend kräftig bemessen und bei denen erhöhte Vorkehrungen gegen den
Verschleiß wichtiger Lager und Führungen getroffen sind, dürften den großen
Beanspruchungen dieses Arbeitsverfahrens gewachsen sein.

Es muß auch sorgfältig die Frage geprüft werden, ob eine Nachformdrehmaschine oder eine Drehbank mit Nachformeinrichtung zweckmäßiger ist. Der
hohe Preis einer Nachformdrehmaschine macht sich nur dann bezahlt, wenn sie
voll mit Nachformarbeiten beschäftigt werden kann, da sie für andere Dreharbeiten
nicht geeignet ist. Gerade die Nachformdrehmaschinen sind mit zahlreichen zeitsparenden Sondereinrichtungen versehen, so daß zwar ihre Ausbringung besonders
hoch, aber auch die Gefahr des Nichtausnutzens gegeben ist. Wenn es daher
fraglich ist, ob eine solche Sondermaschine voll ausgelastet werden kann, ist es
besser, eine Drehbank mit Nachformeinrichtung zu wählen, zumal die neueren
Konstruktionen auf diesem Gebiet Arbeitszeiten erreichen, die denen der Nachformdrehmaschinen nicht wesentlich nachstehen. Außerdem läßt sich eine solche Bank
auch für Drehaufgaben verwenden, die sich auf Nachformdrehmaschinen nicht

lösen lassen (Arbeiten in der Kröpfung, Gewindeschneiden u. a. m.), abgesehen davon, daß die Nachformeinrichtung ja jederzeit leicht abgeschaltet werden kann.

Bei der Beurteilung der Wirtschaftlichkeit des Nachformdrehverfahrens sind zunächst die *Ersparnisse in den Fertigungszeiten* in Betracht zu ziehen. Diese sind recht beachtlich; sie erreichen sehr oft 50 % und mehr der bisher üblichen Zeiten. In besonders gelagerten Fällen wurden sogar 90 % der bisherigen Zeiten eingespart.

Wesentlich ist sodann, daß viele in einer Dreherei mögliche *Fehlerquellen* zwangsläufig *ausgeschaltet* werden. Durchmesser und Längenmaße liegen einwandfrei durch Schablone bzw. Musterstück fest. Wenn die Maschine angestellt ist, und der erste gedrehte Durchmesser und das erste Längenmaß den vorgeschriebenen Wert haben, *müssen* alle anderen Abmessungen zwangsläufig richtig werden. Damit wird die Ausschußquote erheblich gesenkt, um so mehr dort, wo keine Facharbeiter zur Verfügung stehen. Die Möglichkeit, *angelernte Kräfte* an die Maschine zu stellen und die hochwertigen Facharbeiter für andere Aufgaben freizumachen, dürfte also ein weiterer Vorteil des Nachformdrehens sein.

So bietet das Nachformdrehen verschiedene Vorteile, die alles in allem zu großen Ersparnissen bei den Fertigungskosten führen. Die Fälle sind nicht selten, daß die Anschaffungskosten für eine Drehbank mit Nachformeinrichtung in Jahresfrist durch die erzielten Ersparnisse wieder hereingeholt werden konnten. Das Anwendungsgebiet umfaßt nahezu alle in einer Dreherei anfallenden Arbeiten. Immer wieder läßt sich beobachten, daß nach dem Aufstellen einer derartigen Drehbank in der Werkstatt täglich mehr für das Nachformen geeignete Werkstücke entdeckt werden in dem Maße, wie sich die Werkstatt mit diesem Verfahren vertraut macht.

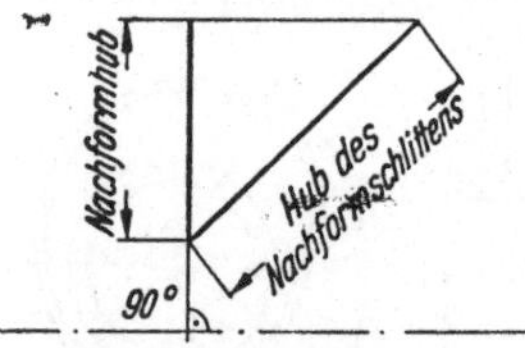


Abb. 110 . Nachformhub und Hub des Nachformschlittens.

**21. Anwendungsbereich.** Wenn die Entwicklung der Nachformeinrichtungen ursprünglich auch davon ausgegangen ist, von dem Üblichen abweichende Drehkörper auf der Drehbank bearbeiten zu können, so liegt heute das Schwergewicht ihrer Anwendung bei der Bearbeitung von zylindrischen Körpern, wie z. B. Wellen, Rädern u. a. m. Mit gewissen Einschränkungen, über die weiter unten noch gesprochen wird, lassen sich eigentlich alle vorkommenden Drehteile mit Nachformeinrichtungen bearbeiten. Zu beachten ist selbstverständlich, daß der Nachformhub ausreicht und die notwendige Nachformlänge vorhanden ist. Unter Nachformhub sei die Verschiebung des meist schrägstehenden Nachformschlittens, projiziert auf die Planrichtung, verstanden. Der Nachformhub ist gewöhnlich kleiner als der größte auf der betreffenden Drehbank zu bearbeitende Halbmesser. Für Längsnachformarbeiten ist das ausreichend, da die Werkzeugbewegung in Planrichtung ja nur den Unterschieden zwischen dem größten und kleinsten Halbmesser des Werkstückes zu entsprechen braucht (Abb. 16). Bei Quernachformarbeiten wird die Nachformeinrichtung oft um 90° geschwenkt, so daß der Nachformhub nunmehr in Richtung der Drehbanklängsachse wirkt, während für die Bearbeitung in Planrichtung der gesamte Drehdurchmesser zur Verfügung steht.

Bei Nachformeinrichtungen mit Schrägschlitten ist die Nachformlänge meistens gleich der Spitzenweite der Drehbank. Bei anderen Konstruktionen ist das nicht immer der Fall, ebensowenig wie sich nicht bei allen Maschinen der Nachformschlitten für Querarbeiten schwenken läßt; in diesen Fällen lassen sich daher auch Querarbeiten nur im Rahmen des gegebenen Nachformhubes ausführen.

Viele Taster, insbesondere die der am meisten verbreiteten hydraulischen Nachformeinrichtungen auf Schrägschlitten, bewegen sich nur in einer Richtung;

d. h. beim Abtasten einer Kurve muß eine Teilkraft in Bewegungsrichtung des Tasters vorhanden sein, um diesen ansprechen zu lassen (Abb. 111). Ein bestimmter Kleinstwert für den Winkel $\delta_{min}$ zwischen Tastrichtung und Schablone darf also nicht unterschritten werden. $\delta$ ist etwa 15°. Praktisch wird der Winkel $\delta$ allerdings größer, da sonst der Schneidmeißel zu spitz würde. Gebräuchliche Werte liegen etwa bei $\delta = 30°$. Liegen Umrisse vor, die diesen Bedingungen nicht mehr entsprechen, insbesondere senkrechte Absätze auf beiden Seiten, muß das Werkstück in zwei Arbeitsgängen bearbeitet und nach dem ersten Arbeitsgang umgedreht werden (Abb. 112).

Schließlich sei der Vollständigkeit halber noch darauf hingewiesen, daß selbstverständlich keine Radien nachgeformt werden können, die kleiner sind als der Radius am Taststift und an der Meißelschneide. Da der Schneidmeißel immer parallel zu sich selbst verschoben wird, kann der Meißeleinstellwinkel unter Umständen ungünstige Werte annehmen. Dies hat besondere Bedeutung beim Drehen von Kugelflächen.

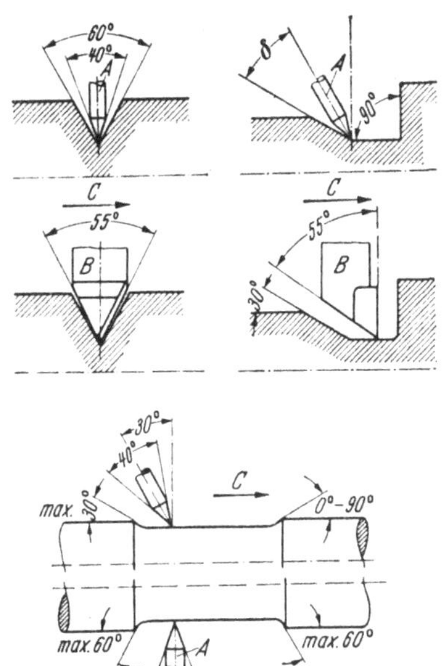

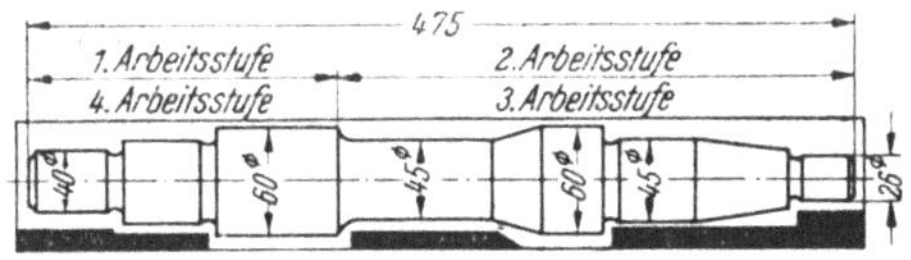

Abb. 111. Zur Bestimmung des Winkels $\delta$.
$A$ Feintasterspitze; $B$ Schneidmeißel; $C$ Vorschubrichtung (VDF).

Abb. 112. Bearbeiten einer Welle mit einmaligem Umspannen: Längsnachformen mit Zweifachstahlhalter; schwarz: gleichzeitige Spanleistung mit dem vorderen Drehmeißel.

Unter Berücksichtigung der genannten Anwendungsgrenzen ist das Nachformdrehen für nahezu alle vorkommenden Werkstücke verwendbar. Wenn überhaupt gedreht, bzw. auf der Drehbank gebohrt werden kann, läßt sich auch fast immer das Nachformverfahren anwenden. Das Nachformdrehen ist daher heute nicht mehr ein Sonderverfahren für die Herstellung außergewöhnlicher Drehteile, sondern das wirtschaftliche Drehverfahren schlechthin, sofern mehrere gleiche Werkstücke zu bearbeiten sind.

*(Fortsetzung 4. Umschlagseite)*